그림으로 읽는

친절한
플라스틱
이야기

ZUKAI DE WAKARU 14SAI KARA NO PLASTIC TO KANKYO MONDAI
by Inforvisual laboratory

그림으로 읽는

친절한 플라스틱 이야기

인포비주얼 연구소 지음
홍선욱(동아시아바다공동체 '오션' 대표) 감수
위정훈 옮김

탈플라스틱 사회를 위해 우리가 반드시 알아야 할 플라스틱의 모든 것

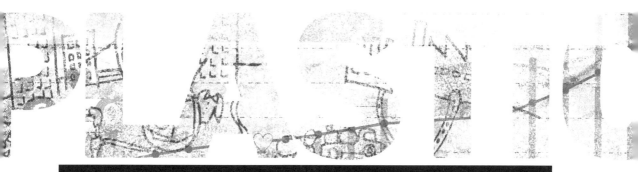

북피움

플라스틱이 주는 편리함에 젖어 있는
무심한 우리를 깨우는 책

제목처럼 이 책은 매우 친절하다. 100여 쪽에 이르는 글에서 플라스틱 문제의 거의 대부분을 포괄하기 위해 상세하게 설명해주는 저자들은 매우 성실하다. 해양 플라스틱 쓰레기 문제를 20년 동안 연구하고 대응 방안을 찾아온 내게도 새로운 내용이 많을 만큼 알차다. 내용이 어려워질 만하면 도표와 삽화로 간략하게 정리해주어 읽는 이가 손을 놓지 못하게 매력적이다.

이 책은 매우 진지하다. 플라스틱의 탄생과 새로운 소재 개발로 노벨화학상을 받았던 때가 있었고, 세계 대전으로 플라스틱의 연구 개발 수요가 폭발하였던 때를 상기시킨다. 우리의 의식주에 깊이 들어와 이제는 편리함에 푹 젖어 있는 무심한 우리를 깨운다. 하루라도 플라스틱 쓰레기를 누군가 치워주지 않으면 쓰레기 대란이 벌어지는 현실을 알려준다. 재활용이라는 멋진 대안에 기대어왔건만 실제 플라스틱 쓰레기는 9%밖에 재활용되지 못한다는 사실을 직시한다. 자기 나라에서 처리하지 못해 쓰레기를 남의 나라로 보내는 야비한 선진국임을 반성한다.

이 책은 구체적이다. 전쟁이 끝났던 1950년대 이후부터 시작되어 짧은 기간 동안 전 세계를 걱정에 빠뜨린 플라스틱 쓰레기 문제를 해결하기 위한 방법을 매우 구체적으로 제시한다. 특히 국제기구, 세계 주요국가, 기업에서 일어나는 변화를 제시하면서 탈플라스틱 생활로 가는 개인들의 실천 방안도 매우 구체적으로 보여준다.

이 책은 담담하다. 최종적으로 독자들이 선택할 수 있는 현명한 탈플라스틱 생활이란 결국 플라스틱이 없었던 시대, 그때 그 시절을 돌아보는 일이라고 담담히 말한다. 심각한 문제를 일으키고 있지만 대안은 있다는 것이고 그것은 그리 어렵지 않다고 알려준다. "그래, 쉽게 따라할 수 있어!"라고 마음먹게 만든다.

　이 책은 성공할 것이다. 코로나 바이러스와 사투를 벌인 지 2년이 넘은 요즘, 수많은 의료용 일회용품은 치명적인 전염병의 전파를 막는 데 결정적 역할을 하고 있다. 그러면서도 한편으로는 포장된 배달 음식, 공공장소를 피해 늘어나는 캠핑족들로 인해 우리는 전보다 더 많은 플라스틱을 사용하고 있고 바닷가에는 더 많은 플라스틱 쓰레기가 발견된다. 그렇다. 이 문제는 사람이 만든 것이고 그 해결도 사람에게서 나온다. 이 책을 읽는 독자들이 그 해결의 주인공이 된다면, 아니 그런 의지라도 갖게 해준다면 이 책은 성공할 것이다.

2021년 11월

홍선욱(동아시아바다공동체 '오션' 대표)

인류가 만들어낸 만능 소재 플라스틱에
지구가 파묻히지 않기 위해

우리 인류의 먼 조상은 약 300만 년 전부터 돌을 도구로 사용했다. 그 후 인류는 주변에 있는 사물을 이용하여 다양한 도구를 만들어왔다. 돌이나 나무를 갈아서 창이나 도끼를 만들고, 동물의 모피를 둘러서 추위로부터 몸을 지키고, 흙을 구워서 그릇을 만들고, 금속이나 유리를 가공하기도 했다. 이처럼 자연계에 있는 다양한 소재를 잘 이용하면서 인류는 다른 생물과는 전혀 다르게 진화해왔다.

그러나 이런 천연 소재를 불과 100년 만에 뛰어넘은 신소재가 갑자기 등장한다. 바로 19세기에 개발되기 시작해 20세기 중반쯤에 단숨에 보급된 인공 소재인 플라스틱이다.

플라스틱은 금속보다 가볍고, 도자기처럼 깨지거나 종이처럼 찢어지는 일도 없으며, 어떤 모양으로도 만들 수 있고, 가격도 저렴하다. 이렇게 장점이 많지만 플라스틱에는 커다란 문제점이 있다. 천연 소재와 달리 분해되어 흙으로 돌아갈 수 없다는 점이다. 인류는 지구 환경에 참으로 골치 아픈 물질을 발명해버린 것이다.

"분해의 열쇠를 찾아내지 못하면 우리는 언젠가 플라스틱에 파묻히고 말 것이다."

1973년에 체코슬로바키아(현재의 체코) 프라하미술공예박물관에서 열린 '디자인과 플라스틱' 전시회 카탈로그에 쓰여 있던 말이다. 지금으로부터 반세기 가까운 과거에, 플라스틱이 가져올 폐해에 일찌감치 경고의 종이 울리고 있었던 것이다. 그러나 당시 사람들 눈에는 차례차례 만들어지는 플라스틱 제품으로 생활이 편리해지는 것밖에 보이지 않았다.

두 번째 경고의 종은 1990년대 초에 울렸다. 바다로 흘러간 플라스틱 원료를 먹은 바닷새나 비닐봉지를 해파리로 착각하여 먹은 바다거북이 목숨을 잃고 있다는 뉴스가, 말하자면 요즘과 똑같은 뉴스가 그 무렵에 이미 보도되었던 것이다. 이 보도를 계기로 플라스틱 업계는 플라스틱 원료가 바다로 흘러가지 않도록 유출 방지 매뉴얼을 만든다. 이 무렵부터 세간에서는 '지구 친화적인 삶'이 표어가 되어 리사이클 열기가 높아진다. 그러나 사람들은 어느새 바다 생물들이 입는 플라스틱 피해를 잊고 만다.

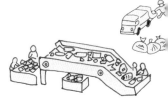

그리고 지금, 깨닫고 보니 우리는 이미 플라스틱에 파묻혀 살고 있다. 우리의 일상에는 플라스틱 제품이 넘쳐나며, 우리가 구입한 물건에는 평균 12분 만에 쓰레기통에 버려지는 플라스틱 용기나 포장재가 붙어 있다. 일회용품의 편리함에 익숙해지고, 분리수거함에 가득 찬 플라스틱 쓰레기를 모아서 버리고, 버리고 나면 다시 채우는 생활이 언젠가부터 당연한 일처럼 되었다.

바다를 떠도는 플라스틱 쓰레기의 존재는 다시 커다란 문제로 우리에게 되돌아오고 있다. 1990년대에 경고의 종이 울렸을 때와는 달리 인터넷의 보급으로 사람들은 먼 바다에서 일어나는 일을 아주 가깝게 느낄 수 있게 되었고, 우리의 삶이 바다와 연결되어 있다는 사실도 깨달았다. 세계 각지에서 해양 쓰레기 문제에 대한 대책이 세워지기 시작했고 유엔도 '지속가능 발전목표(SDGs)'를 제시하고 해양 오염 방지나 폐기물의 대대적인 감축을 가입국에 촉구하고 있다. 아름다운 바다가, 소중한 지구가, 플라스틱에 파묻히지 않게 하려면 지금 우리는 무엇을 해야 할까?

이 책은 플라스틱이 지구 환경에 미치는 영향과 플라스틱 쓰레기 대책으로 추진되고 있는 리사이클, 이 문제와 관련된 여러 가지 시도, 그리고 플라스틱이 사회에 미친 역할을 그림으로 설명하고 있다. 이 책이 역사가 짧은 플라스틱이라는 소재를 조금 더 이해하는 데 도움이 되고, 환경을 생각하는 삶이란 무엇인지에 대해 독자 여러분이 한 번쯤 생각해보는 계기가 된다면 정말 좋겠다.

차례

Part 1. 지금 전 세계는 플라스틱 몸살을 앓고 있다

Part 2. 플라스틱의 정체, 그것이 알고 싶다

Part 3. 플라스틱과 환경 문제, 얼마나 심각할까?

Part 6. 플라스틱의 탄생과 성장, 그리고 거대한 위기

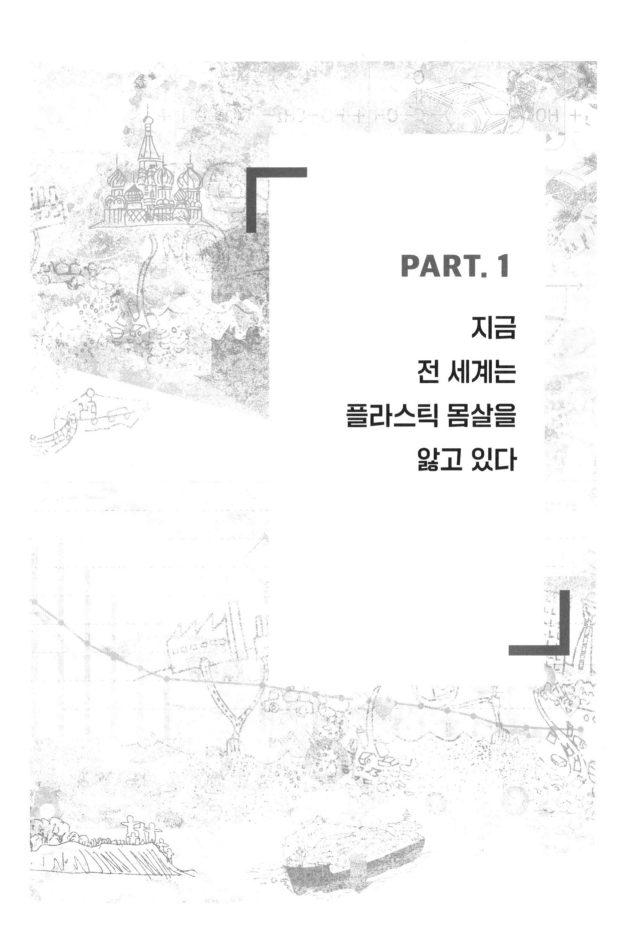

PART. 1

지금
전 세계는
플라스틱 몸살을
앓고 있다

세계가 낳은 플라스틱 83억 톤, 대부분 쓰레기로 버려진다

66년 동안 리사이클 비율은 겨우 9%

2017년에 미국의 한 연구 팀이 발표한 보고서 하나가 전 세계를 놀라게 했다. 그때까지 구체적인 숫자를 파악하지 못했던 세계의 플라스틱 생산량과 그 행방이 처음으로 밝혀졌기 때문이다.

지금은 플라스틱이 너무나 흔하지만, 플라스틱이 본격적으로 생산되기 시작한 것은 1950년 무렵이다. 조사에 따르면 1950년에 연간 약 200만 톤이었던 세계의 플라스틱 생산량은 해마다 늘어서 2015년에는 4억 700만 톤이 되었다. 이런 추세로 계속 늘어난다면 2050년에는 16억 톤 가까이 될 것으로 예상된다. 폐기되는 플라스틱도 계속 증가하여 2015년에는 3억 200만 톤이 폐기 처리되었다.

연구 팀은 또한 2015년까지 66년 동안 생산된 플라스틱은 총 83억 톤이라고 산출했다. 그중 63억 톤이 쓰레기로 처리된다고 지적하고 있다. 심지어 처리된 플라스틱 쓰레기 가운데 리사이클된 것은 겨우 9%이며 12%는 소각, 나머지 79%는 매립 또는 투기되었다고 한다.

플라스틱은 다양한 용도로 사용되고 있지만, 철처럼 장기간 사용되는 것이 아니라 절반이 4년이 채 되기 전에 버려진다. 게다가 라이프스타일이 바뀌어 일회용품이 크게 늘어남으로써 플라스틱의 생산량과 폐기량을 모두 끌어올리게 되었다.

이 속도로 가면 2050년까지는 120억 톤의 플라스틱 쓰레기가 매립·투기 형태로 자연에 버려진다고 보고서는 경고하고 있다. 인공적으로 만들어진 플라스틱은 천연 소재와 달리 흙으로 돌아가지 않으므로, 자연 환경에 미치는 영향도 우려된다. 그 결과 눈에 보이는 형태로 나타난 것이 다음에 살펴볼 해양 플라스틱 쓰레기 문제이다.

2050년을 목표로 하면 너무 늦다!
해양 플라스틱 쓰레기 문제

가까운 미래에 플라스틱 쓰레기가 물고기 수보다 많아진다!?

2019년 6월에 오사카에서 열린 주요 20개국(G20) 정상회의에서 해양 플라스틱 쓰레기 문제가 논의되어 2050년까지 바다로 빠져나가는 플라스틱 쓰레기를 제로화하기로 했다.

몇 년 전부터 바다를 오염시키는 플라스틱 쓰레기에 세계가 관심을 갖게 되었다. 플라스틱 그물에 걸려 아파서 몸부림치는 바다거북, 위 속에서 대량의 비닐봉지가 발견된 고래, 플라스틱 병뚜껑을 먹이로 착각하여 새끼 새에게 주는 바닷새 등, 충격적인 사례가 생생한 사진이나 영상과 함께 잇따라 보고되어 우리는 먼 해양의 현실을 알게 되었다.

지금까지도 대량의 플라스틱 쓰레기가 해안으로 흘러와서 자연 경관을 해치는 일이 종종 문제가 되

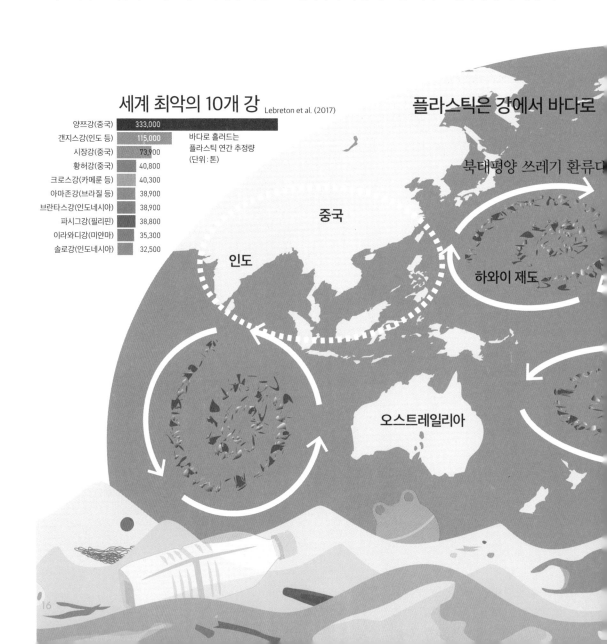

세계 최악의 10개 강 Lebreton et al. (2017)

양쯔강(중국)	333,000
갠지스강(인도 등)	115,000
시장강(중국)	73,900
황허강(중국)	40,800
크로스강(카메룬 등)	40,300
아마존강(브라질 등)	38,900
브란타스강(인도네시아)	38,900
파시그강(필리핀)	38,800
이라와디강(미얀마)	35,300
솔로강(인도네시아)	32,500

바다로 흘러드는
플라스틱 연간 추정량
(단위 : 톤)

플라스틱은 강에서 바다로

북태평양 쓰레기 환류대

하와이 제도

중국

인도

오스트레일리아

었지만, 그것은 빙산의 일각에 지나지 않는다. 해안에 도달하지 않고 해류를 타고 계속 떠돌아다니는 플라스틱 쓰레기가 훨씬 많으며, 그것이 시간이 지남에 따라 잘게 부서져서 미세 플라스틱(52쪽 참조)이라고 불리는 작은 입자로 바뀌어 해양생물에게 악영향을 미친다.

이런 플라스틱 쓰레기는 북극에서 남극까지 모든 해역에서 발견되고 있다. 그중에서도 미국 캘리포니아주와 하와이 사이의 바다는 소용돌이처럼 휘돌아 모이는 해류 때문에 대량의 플라스틱 쓰레기가 모여서 '북태평양 쓰레기 환류대Gyre'라고도 불린다. 대부분의 해양 쓰레기는 적절하게 처리되지 않은 플라스틱 쓰레기가 육지에서 바다로 흘러 들어간 것이다. 그중 약 80%가 하천 등을 통해 아시아의 여러 나라에서 유출되고 있다고 하니, 시급한 대책이 필요하다.

전 세계에서 바다로 흘러드는 플라스틱 쓰레기는 연간 800만 톤으로 추정된다. 이대로 가면 2050년에는 플라스틱이 물고기 양보다 많아진다는 말까지 있다. G20 정상회의에서 채택한 '2050년까지'를 목표로 하면 너무 늦다는 우려의 목소리가 커지는 것도 당연하다.

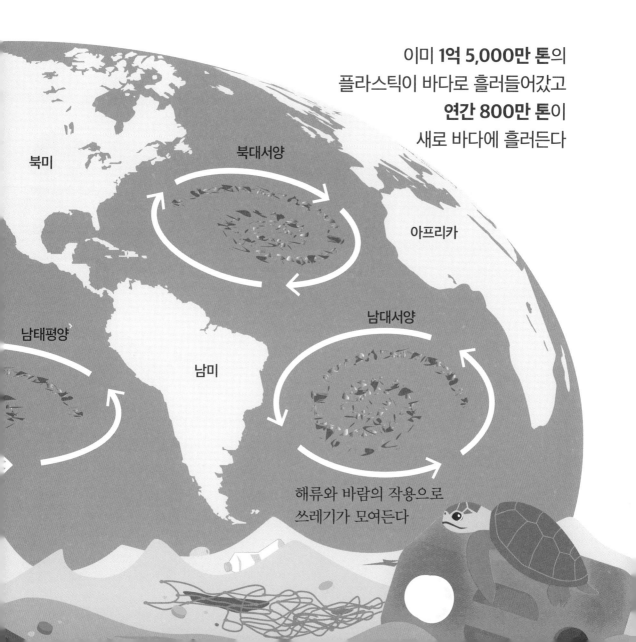

이미 **1억 5,000만 톤**의
플라스틱이 바다로 흘러들어갔고
연간 800만 톤이
새로 바다에 흘러든다

북미

북대서양

아프리카

남태평양

남대서양

남미

해류와 바람의 작용으로
쓰레기가 모여든다

선진국은 쓰레기를 수출하고 있었다!
중국의 플라스틱 쓰레기 수입 금지에서 드러난 현실

플라스틱 쓰레기 떠넘기기가 드러났다

 2017년에 중국은 갑자기 연말까지는 플라스틱 등의 폐기물 수입을 금지하겠다고 발표했다. 그때까지 플라스틱 쓰레기를 중국에 수출하던 나라들은 쓰레기를 받아줄 곳이 없어 쩔쩔맸다.

 이 '차이나 쇼크'는, 리사이클의 진실이 알려지는 계기도 되었다. 예를 들어 2016년에 일본에서 발생한 플라스틱 쓰레기는 약 899만 톤인데, 그중 국내에서 플라스틱 원료로 재생된 것은 10%도 안 된다. 나머지 가운데 약 80만 톤은 중국으로, 약 50만 톤은 홍콩을 거쳐 본토로, 말하자면 합계 130만 톤이 중국으로 팔려가서 중국 사람들에 의해 리사이클되고 있었던 것이다.

 1990년대 이후 아시아와 아프리카 일부 나라들은 국내의 부족한 자원을 보충하기 위해 외국에서 폐기물을 수입해왔다. 그중에서도 중국은 최대의 폐기물 수입국이었다. 2016년에 중국에 수출된 플라스틱 쓰레기는 합계 713만 톤. 나라별로 보면, 중국 수출의 경유지인 홍콩을 제외하면 일본이 약 84만 톤으로 가장 많으며, 다음으로 미국이 약 69만 톤, 그리고 독일, 벨기에, 오스트레일리아, 캐나다 등 선진국이 상위에 올라 있다. 플라스틱 소비량이 많은 선진국이 자국의 쓰레기 리사이클을 다른 나라에 떠넘기고 있었던 것이다.

 중국이 플라스틱 쓰레기 수입을 규제한 2018년, 그때까지 중국에 팔리던 대량의 플라스틱 쓰레기는 말레이시아, 타이, 베트남 등 동남아시아 여러 나라로 향하게 되었다. 그러나 이런 나라들은 위기의식을 느끼고 잇따라 쓰레기 수입 규제를 발표했다.

 아시아 국가들이 선진국의 쓰레기장이 되는 것을 거부하자 선진국들은 늘어나는 플라스틱 쓰레기를 어떻게 처리해야 할지 몰라 골머리를 앓고 있다.

PLASTIC CHINA

「플라스틱 차이나」 세계 1위 플라스틱 쓰레기 수입국인 중국의 현실을 그린 영화. 영세한 공장에서 플라스틱 리사이클을 떠맡고 있는 현장과, 그곳에 사는 가족을 통해 가혹한 환경과 플라스틱 리사이클의 어두운 면을 묘사했다.

그러나 **2018년**부터 중국은
플라스틱 쓰레기 수입 금지를 결정

중국은
세계의
쓰레기장이
아니다

그때까지 중국은 세계의
플라스틱 쓰레기 중
45%를
받아들이고 있었다

연간 713만 톤

예를 들면 일본의 페트병은
회수 60만 톤
그중 20만 톤이
중국으로

중국의 결정으로
플라스틱 쓰레기는
동남아시아로 향했다

아시아는
선진국의
쓰레기 처리장이
아니다

꽃무늬 비닐백
발견! 예쁘지.

잘됐구나.
소중히 쓰거라.

플라스틱 쓰레기
5대 중국 수출국(2016년)

1위 일본
84만 톤

2위 **미국**
69만 톤

3위 **타이**
43만 톤

4위 **독일**
39만 톤

5위 **벨기에**
32만 톤

※ 홍콩(178만 톤) 제외. 3위인 타이는 선진국
  에서 수입한 쓰레기 일부를 재수출하고 있
  는 것으로 보인다.

참고 : Our World in Date

급증하는 일회용 포장 용기 쓰레기의
30% 이상이 자연계로 유출된다!?

일본은 포장 용기 플라스틱 쓰레기 세계 2위

    인류가 지금까지 생산한 플라스틱 가운데 약 절반은 21세기 이후에 나온 것으로 산출되고 있다. 그 중에서도 음료수 병, 병뚜껑, 식품 용기, 외장 필름, 비닐봉지 등, 용기나 포장에 사용되는 플라스틱은 놀라운 증가율을 보이고 있다.

    아래 그래프는 2015년에 생산된 플라스틱 약 4억 톤을 부문별로 분류한 것이다. 최대 36%, 전체의 3분의 1 이상을 차지하는 것이 포장 용기 부문이다.

    이런 포장 용기 플라스틱은 상품의 수송과 보존, 위생 관리에 아주 편리하며 지금은 우리의 일상생활에서 눈에 띄지 않는 날이 없다. 그러나 이들은 일회용품이며 대부분 생산된 그해에 바로 쓰레기장으

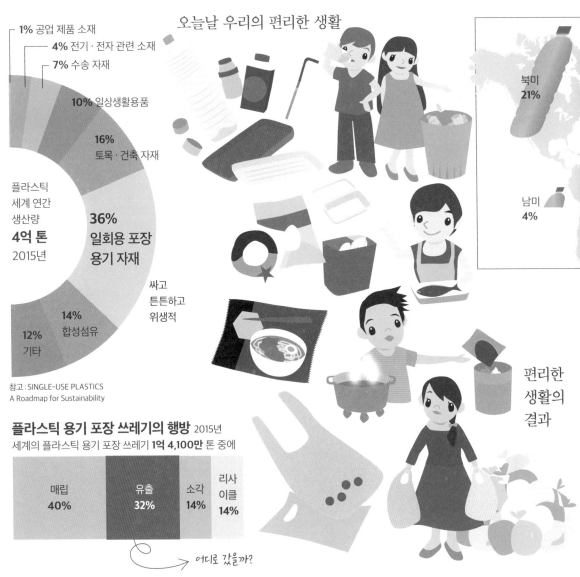

오늘날 우리의 편리한 생활

┌ **1%** 공업 제품 소재
  ├─ **4%** 전기 · 전자 관련 소재
    ├─ **7%** 수송 자재

10% 일상생활용품

16% 토목 · 건축 자재

플라스틱
세계 연간
생산량
4억 톤
2015년

36%
일회용 포장
용기 자재

싸고
튼튼하고
위생적

14% 합성섬유

12% 기타

참고 : SINGLE-USE PLASTICS
A Roadmap for Sustainability

북미
21%

남미
4%

편리한
생활의
결과

플라스틱 용기 포장 쓰레기의 행방 2015년
세계의 플라스틱 용기 포장 쓰레기 **1억 4,100만** 톤 중에

매립 **40%**	유출 **32%**	소각 **14%**	리사이클 **14%**

→ 어디로 갔을까?

로 간다. 생산량이 많아지면 당연히 쓰레기의 양도 늘어난다. 2015년에 쓰레기가 된 플라스틱 약 3억 톤 가운데 포장 용기가 차지하는 비율은 무려 47%이다.

나라별로 보면 포장 용기 플라스틱 쓰레기 총량으로는 중국이 최고이다. 그러나 이것을 1인당으로 환산하면 미국에 이어서 일본이 세계 2위이다. 예전부터 지적되던 일본의 과대포장이 숫자로 드러난 결과라고 할 수 있을 것이다. 진짜 문제는 이런 쓰레기의 행방이다. 2015년 전 세계의 포장 용기 플라스틱 쓰레기 가운데 리사이클된 것은 14%밖에 안 된다. 나머지 86% 가운데 매립이나 소각된 것을 제외하면 무려 32%가 '유출'되고 있는 것이다.

포장 용기 플라스틱 쓰레기는 가벼워서 바람에 잘 날리며, 특히 비닐봉지는 풍선처럼 바람을 타고 예상외로 멀리까지 이동한다. 심지어 수명도 정해져 있지 않아서 수백 년 내지 천 년이 지나도 분해되지 않는다고 한다. 이렇게 유출한 쓰레기 가운데 어떤 것은 흙속에 파묻히고 어떤 것은 바다로 흘러간다. 해양 플라스틱 쓰레기 발생의 원인 가운데 하나가 바로 여기에 있다.

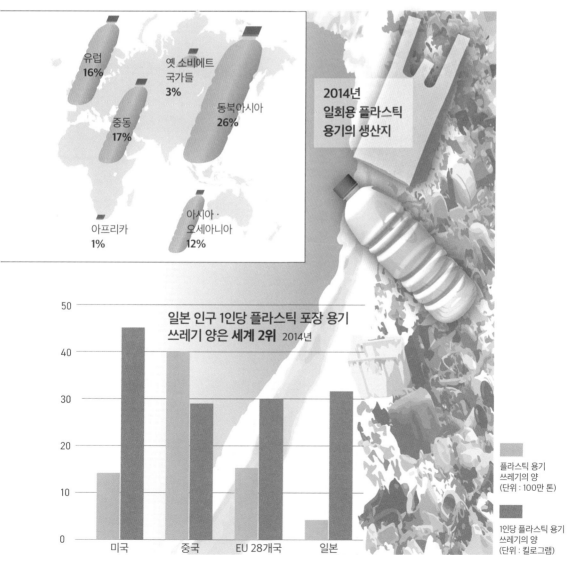

유럽
16%

옛 소비에트
국가들
3%

중동
17%

동북아시아
26%

아프리카
1%

아시아·
오세아니아
12%

2014년
일회용 플라스틱
용기의 생산지

일본 인구 1인당 플라스틱 포장 용기
쓰레기 양은 세계 2위 2014년

플라스틱 용기
쓰레기의 양
(단위 : 100만 톤)

1인당 플라스틱 용기
쓰레기의 양
(단위 : 킬로그램)

미국   중국   EU 28개국   일본

유엔의 지속가능 발전목표를 향해
세계 각국에서 시작된 비닐봉지 규제

선진국은 유료화, 개발도상국은 금지령

2015년 9월에 개최된 '유엔 지속가능 발전 정상회의'에서 유엔에 가입한 193개국은 2030년까지 달성해야 할 목표로 '지속가능 발전목표(SDGs : Sustainable Development Goals)'를 포함한 행동계획에 합의했다.

그중 하나가 '2030년까지 폐기물 발생을 큰 폭으로 감축한다'는 것이다. 이에 따라 플라스틱 쓰레기 감축을 위해 각국이 다양한 시도를 하고 있다. 그중에서도 세계적으로 퍼지고 있는 것이 슈퍼나 편의점 등에서 공짜로 제공하던 비닐봉지의 규제다. 현재 전 세계에서 소비되고 있는 비닐봉지는 연간 1조~5조 장. 일본만 해도 연간 300억~500억 장이나 사용되고 있다. 적절하게 처리되지 않은 비닐봉지는 해양오염의 원인도 되므로 이미 2000년대 초반부터 규제 움직임이 있었다.

오른쪽 지도는 비닐봉지를 금지 또는 유료화하고 있는 나라나 지역을 색깔로 구분해서 나타낸 것이다. 많은 나라가 어떤 식으로든 규제하고 있는 것을 알 수 있다.

단, 1인당 포장 용기 플라스틱 쓰레기 세계 1위인 미국에서는 비닐봉지 금지 조치가 일부 주에서만 시행되고 있다. 2위인 일본에서는 일부 슈퍼에서 비닐봉지가 유료화되고는 있지만 업계의 반발도 있어서 그때까지 의무화되지 않았다. 그러나 세계적인 움직임을 거스를 수 없어서 2020년 7월부터 비닐봉지 유료화가 실시되고 있다.

아프리카는 규제가 대단히 엄격하다. 케냐나 탄자니아에서는 비닐봉지를 포함한 모든 폴리에틸렌 비닐봉투의 제조, 수입, 판매, 사용이 금지되어 있으며 이를 어기면 금고형이나 벌금형을 받는다. 대체로 선진국은 유료화가 많은 데 비해 아시아·아프리카의 개발도상국은 훨씬 엄격한 금지 조치를 취하는 나라가 많다. 여기에는 개발도상국이기 때문에 품고 있는 문제가 숨어 있는데, 이에 대해서는 46쪽에서 자세히 살펴보자.

EU
EU 이사회는 2021년까지는 모든 가입국에서 일회용 플라스틱 제품의 유통을 금지하는 법안을 채택했다.

덴마크
에스토니아
라트비아
리투아니아
영국
네덜란드
폴란드
독일
체코
슬로바키아
아일랜드
벨기에
헝가리
오스트리아
프랑스 ⓓ
슬로베니아
루마니아
크로아티아
이탈리아
불가리아
포르투갈
스페인
그리스
몰타
키프로스
모로코
튀니지
이스라엘
카보베르데 ⓐ
모리타니
말리
니제르
에리트레아
감비아
세네갈
부르키나파소
소말리아
기니비사우
베냉
에티오피아
나이지리아
코트디부아르
카메룬
우간다
케냐
콩고 공화국
르완다
탄자니아
말라위
잠비아
짐바브웨 ⓑ
모잠비크
보츠와나
남아프리카

일회용 플라스틱을 금지 또는 규제하고 있는 나라와 지역

SINGLE-USE PLASTICS A Roadmap for Sustainability,
일본무역진흥기구(JETRO) 지역 분석 리포트 등을 참고하여 작성

캐나다

이 2대 플라스틱 대국은 언제 금지할까

일본

미국
미국은 캘리포니아, 하와이, 시애틀 등에서 비닐봉지 금지, 워싱턴 DC 등에서는 비닐봉지 유료화. 그러나 국가적인 규제는 아직 없다.

몽골
2019년, 마하트마 간디의 생일인 10월 2일부터 비닐봉지 등 6종의 플라스틱 제품이 전면적으로 사용 금지.

한국

중국

인도

부탄

타이완 Ⓓ Ⓔ

방글라데시

베트남

스리랑카

필리핀 문틴루파, 케손시티 등 여러 도시에서 독자적으로 비닐 쇼핑봉투 금지 조례가 시행되고 있다.

팔라우 Ⓐ

마샬 제도 Ⓐ Ⓓ

파푸아 뉴기니

인도네시아

모리셔스 Ⓐ

바누아투 Ⓐ Ⓓ Ⓔ

피지 제도 Ⓑ

오스트레일리아
2018년에 모든 주에서 비닐봉지 금지. 2025년까지는 플라스틱 포장도 금지된다.

뉴질랜드
2019년 7월, 일회용 비닐봉지 사용 금지. 모든 소매업에서 배포가 금지되고 위반하면 최고 7,500만 원가량의 벌금 부과.

멕시코 · 멕시코시티
멕시코 시의회는 비닐 쇼핑봉투를 2020년부터, 빨대와 플라스틱 식기를 2021년부터 사용을 금지하기로 발표.

아이티 Ⓐ Ⓓ

벨리즈 Ⓐ Ⓓ

앤티가 바부다 Ⓐ Ⓓ

파나마

콜롬비아

브라질 리우데자네이루
2018년에 비닐봉지, 빨대 사용 금지.

아르헨티나 부에노스아이레스
2017년부터 이미 슈퍼에서 제공하는 비닐봉지 금지.

칠레
남미에서 가장 빠른 2017년에 비닐봉지 사용을 법으로 금지하고 2019년부터 전면 금지. 위반하면 봉지 1장당 벌금 약 30만 원.

NO 비닐봉지

A 제조 · 판매 · 사용 금지	**세계 최초의 금지국은 방글라데시** 1988년 대홍수의 한 가지 원인이 버려진 대량의 비닐봉지가 배수관을 막았기 때문이었으므로 2002년에 세계 최초로 비닐봉지 사용을 금지.
B 유료화 · 과세	**탄자니아에서는 위반하면 감옥행** 제조 · 수입하면 최고 4억 7,000만 원의 벌금이나 2년 이하 금고형, 사용해도 최고 9만 7,000원의 벌금.
C 금지 법안 제정 · 시행 대기	**케냐에서도** 제조 · 판매하면 최고 4년 징역 또는 4,500만 원의 벌금.

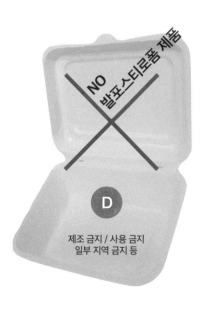

NO 발포스티로폼 제품

D
제조 금지 / 사용 금지
일부 지역 금지 등

NO 빨대

E
판매 금지 / 사용 금지
일부 지역 금지 등

이제 플라스틱 없이는 못 살아!?
우리 일상의 현실

집 안에는 온통 플라스틱

플라스틱은 전 세계에서 다양한 문제를 일으키고 있다. 요즘 들어서는 플라스틱을 사용하지 않는 생활에 관심을 기울이는 사람이 늘어나고 있다. 그러나 플라스틱을 전혀 사용하지 않고 단 하루라도 지낼 수 있을까? 우리 주변을 둘러보자.

예를 들어 우리 옷을 만드는 데 사용된 다양한 합성섬유도 플라스틱의 일종이다. 책상 위에 있는 볼펜이나 지우개, 자 등의 문구는 대부분 플라스틱이며 컴퓨터, 휴대폰, CD, DVD도 플라스틱이다. 주방에는 더 많은 플라스틱 제품이 넘쳐난다. 식품을 담은 그릇 바닥이나 랩이 담긴 상자를 자세히 들여다보자. 폴리에틸렌, 폴리프로필렌 등의 원재료명이 적혀 있을 것이다.

플라스틱에 둘러싸인 컬러풀하고 멋진 생활

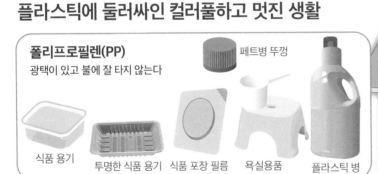

폴리프로필렌(PP)
광택이 있고 불에 잘 타지 않는다

페트병 뚜껑

식품 용기 투명한 식품 용기 식품 포장 필름 욕실용품 플라스틱 병

폴리스티렌(PS)
위생적이고 물에 강하다

텔레비전이나 컴퓨터의 외형

발포스티로폼 상자 발포 트레이 집의 벽 단열재

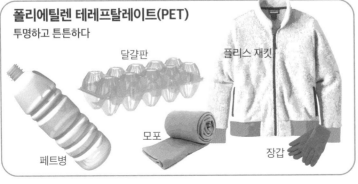

폴리에틸렌 테레프탈레이트(PET)
투명하고 튼튼하다

달걀판 플리스 재킷

페트병 모포 장갑

이름 앞에 '폴리'라고 붙어 있는 것은 대부분 플라스틱 종류다. 음료 용기로 사용되는 페트병의 '페트(PET)'도 폴리에틸렌 테레프탈레이트polyethyleneterephthalate의 약칭이다. 냉장고, 청소기, 세탁기, 텔레비전 같은 가전제품도 플라스틱이고 가구도 예외가 아니다. 전체가 플라스틱으로 된 옷장도 있고, 테이블 상판처럼 플라스틱이 부분적으로 사용된 것도 있다.

심지어 우리가 살고 있는 집도 온통 플라스틱이다. 욕조나 세면대에서 벽, 천장, 마룻바닥, 수도관에 이르기까지, 다양한 종류의 플라스틱이 사용되고 있다.

장을 보러 가면 플라스틱 팩에 들어 있지 않은 상품을 찾기가 오히려 어려울 지경이다. 뭔가를 살 때마다 플라스틱 쓰레기가 늘어나고 있는 것이 현실이다.

이 정도로까지 플라스틱이 이용되고 있는 것은, 가볍고 튼튼하고 가공하기 쉽고 값도 싸다는 이점이 있기 때문이다. 사용하기는 편리하지만 버리면 골치 아파지는 이 소재를 어떻게 다루어야 할지, 세계적으로 진지한 논의가 시작되고 있다.

대표적인 범용 플라스틱

폴리염화비닐(PVC)
잘 타지 않고 튼튼하다

지우개
레코드
장난감
수도관
창문틀

고밀도 폴리에틸렌(HDPE)
충격이나 약품에 강하다

비닐봉지
플라스틱 양동이
플라스틱 병
석유통

저밀도 폴리에틸렌(LDPE)
물보다 가볍고 부드럽다

종이팩에도 플라스틱이 들어 있다!

지퍼백
투명 비닐봉지
식품 용기 주로 뚜껑에 사용
마요네즈 용기
폴리에틸렌
종이
폴리에틸렌

플라스틱 없이는 유지되지 않는 산업계
대량의 플라스틱 쓰레기는 제대로 처리되고 있을까?

일본의 플라스틱 쓰레기 연간 903만 톤

우리 주변의 물건에서, 자동차나 항공기 부품, 전자부품, 의료기기, 건축자재, 심지어 우주 로켓에 이르기까지, 지금은 모든 산업 분야에서 플라스틱이 사용되고 있다. 엄청난 양에 이르는 이 생산품 모두가 언젠가는 폐기물이 된다.

일본만 보아도 2017년에 배출된 폐플라스틱 양은 903만 톤. 그중 가정 등에서 나온 일반 폐기물은 418만 톤(46.3%), 산업 폐기물은 485만 톤(53.7%)이다.

산업 폐기물은 공장이나 사업장에서 모인 만큼 배출되어 쓰레기 처리를 전문으로 하는 업자에게 넘겨진다. 이 폐기물들이 적절하게 회수, 처리되면 좋겠지만 세계 각지에서 종종 문제가 되는 것이 불법 투기다. 일본에서도 몇 년 전까지는 업자들의 불법 투기가 끊이지 않았고, 악질적인 불법 투기 후 처리에 막대한 비용이 든 사건도 있었다.

농업·어업용 플라스틱의 맹점

지금은 농업이나 어업용 자재도 모두 플라스틱이다. 실외의 혹독한 환경에서도 썩거나 녹슬지 않고, 가벼워서 취급하기도 쉽다. 그러나 자연환경에서 사용되는 플라스틱은 의도치 않게 방치될 위험이 있다.

농업에서는 비닐하우스나 멀칭 비닐(흙을 덮는 시트), 묘목 포트, 작물용 그물 등에 플라스틱이 사용되는데, 이 자재들이 바람에 날아가거나 흙속에 남으면 환경오염으로 이어진다.

수산업에서도 어선의 선체, 어망, 낚싯대, 로프, 운반용 용기 등 많은 플라스틱이 사용되고 있다. 이런 어구가 바다에 빠지거나 의도적으로 바다에 버려지면 회수되는 일은 거의 없다. 실은 이것이 해양 플라스틱 쓰레기의 한 가지 원인이기도 한데, 이것에 대해서는 48쪽에서 자세히 살펴보자.

다양한 요구에 맞춰 다채로운 플라스틱이 개발되었다

예를 들면 이런 요구가 있다

- 비단을 대체할 소재
- 주름이 생기지 않고 잘 마르는 섬유
- 가죽을 대체할 소재
- 양모를 대체할 소재
- 유리를 대체할 소재
- 잘 깨지지 않고 열에 강하다
- 투명하고 흠이 잘 나지 않는다
- 100℃ 이상의 고온을 견딜 수 있는 소재
- 초고온을 견딜 수 있는 소재

* 소재명은 예시이다

자동차

항공기

루프
폴리카보네이트

몸체
섬유 강화 플라스틱

내외장
폴리프로필렌,
ABS수지

창
메타크릴 수지

날개 · 동체
탄소섬유 강화 플라스틱

가솔린 탱크
고밀도 폴리에틸렌

라디에이터 탱크
폴리아미드

기타 5%
철 10%
티타늄 15%
알루미늄 20%

플라스틱 등
복합 소재
50%

보잉787의 기체에 사용된 소재의 비율
(참고 : 보잉 사 공식 사이트)

이런 플라스틱이 탄생

나일론

폴리에스테르

폴리우레탄

아크릴 섬유

메타크릴 수지

ABS수지

AS수지

엔지니어링
플라스틱

예를 들면
폴리카보네이트
투명하고 충격에 강하다

슈퍼 엔지니어링
플라스틱

예를 들면
폴리아미드
주 공간에서도 대응

주택

욕조
섬유 강화 플라스틱

단열재
발포 폴리스티렌

조명기구
메타크릴 수지

컴퓨터, 스마트폰 본체
폴리카보네이트

액정 디스플레이
메타크릴 수지

옥상 · 외장
폴리카보네이트판,
아크릴판, 발포 수지 등

홈통(물받이)
폴리염화비닐

바닥재
폴리염화비닐, 발포 수지 등

하수관
폴리염화비닐

건축 폐기물은 다양한 소재가
혼합되어 있어 리사이클이 힘들다

송전 케이블
가교 폴리에틸렌

자연계로 유출이 우려되는 두 분야

농업

수산업

멀칭
폴리에틸렌

비료 포대
폴리에틸렌

배합
배합비료
배합비료

어선
섬유 강화 플라스틱

튜브
발포 폴리에틸렌

비닐하우스
폴리염화비닐

어망
나일론, 폴리에틸렌,
폴리에스테르

부표
발포 폴리스티렌,
폴리에틸렌

일본에서는 지자체나 농업단체가 중심이
되어 회수 · 리사이클을 시도하고 있다.

수산청이 유출을 방지하고 어구 처리를
지도하고 있지만 부주의하게 유출되기도
하고, 불법 투기하기도 한다.

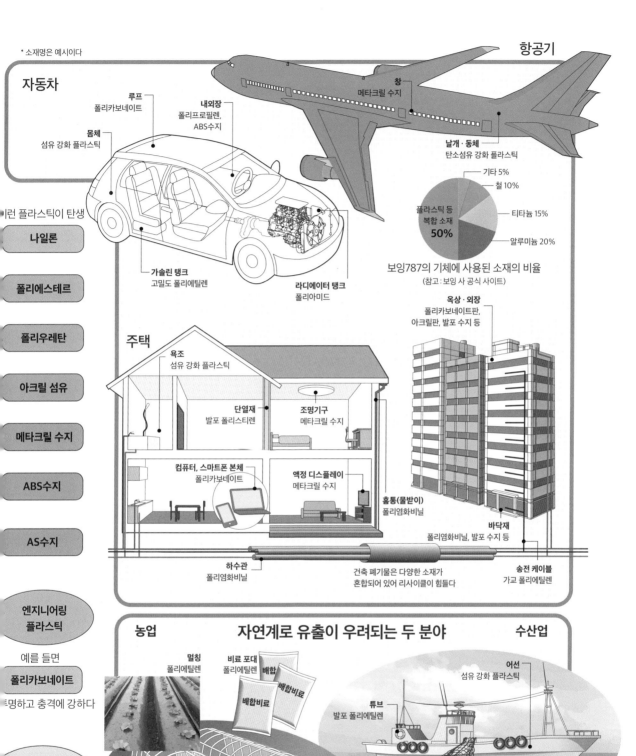

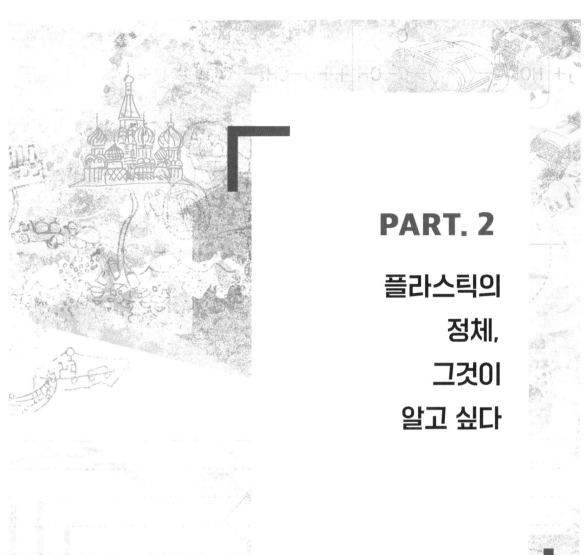

PART. 2

플라스틱의 정체, 그것이 알고 싶다

인류는 탄소와 수소를 합쳐서
플라스틱을 만들어냈다

플라스틱은 왜 썩지 않을까?

플라스틱이 세계적인 문제가 된 것은 썩어서 흙으로 돌아가지 않기 때문이다. 이런 '썩지 않는' 특성 때문에 플라스틱은 수도관에도 이용되며 장기간 땅속에 묻어둘 수 있지만, 일단 폐기물이 되면 장점이 단점으로 바뀐다. 분해되지 않은 채 자연계에 남아 환경을 오염시키고 생태계를 교란시키는 것이다.

플라스틱이 분해되지 않는 이유는, 인공 물질인 플라스틱을 분해하는 미생물이 자연계에 존재하지 않기 때문이라고 한다. 요즘 일부 플라스틱을 분해하는 미생물의 존재가 확인되고 있는데, 분해 속도가 대단히 느려서 쓰레기 문제의 해결책이 되기는 힘들 것 같다.

플라스틱이 가정에 보급되기 시작한 지 70년 정도밖에 지나지 않았다. 수백 년, 수천 년으로 추정되는 플라스틱의 수명이 다하는 것을 우리 눈으로 지켜보기는 힘들 것이다.

석유에서 유래한 탄소와 수소의 연금술

플라스틱이라는 말은 그리스어의 형용사 플라스티코스Plastikos에서 유래하며 '모양을 만들 수 있다'라는 의미가 있다. 원래는 진흙이나 석고처럼 자유자재로 성형할 수 있는 소재의 성질을 나타내는 말이었다. 현재와 같이 특정한 인공 소재를 플라스틱이라고 부르게 된 것은 20세기 이후이다.

플라스틱은 '합성 수지'라고도 불린다. 수지(레진)란 원래 식물에서 분비되는 송진 같은 물질을 말한다. 점성이 있고, 형태를 만들면 굳는 성질, 즉 가소성可塑性이 있다. 이 성질이 비슷하므로 천연 수지에 대비해 합성 수지라는 말이 생겨났지만, 엄밀히 말하면 플라스틱은 수지가 아니다.

플라스틱의 원료는 석유이다. 석유의 성분은 대부분 탄소와 수소이므로, 플라스틱도 탄소와 수소를 토대로 구성되어 있다. 탄소를 함유한 화합물을 탄소화합물, 또는 일부 예외를 제외하고 유기화합물이라고도 하는데, 생명체도 그중 하나이다. 의외라는 생각이 들지만, 플라스틱은 무기물이 아니라 인체와 같은 유기물인 것이다.

탄소라는 원자는 화합물을 만드는 데 탁월하며, 다른 원자와 결합하여 수많은 화합물을 만들어낸다. 특히 탄소와 수소의 조합은 무한한 것으로 알려져 있으며, 화학 구조가 조금만 달라도 성질이 다른 화합물이 생겨난다. 이것을 이용하여 인공적으로 만들어진 것이 다양한 종류의 플라스틱이다.

다음 페이지에서는 플라스틱의 화학적 특성을 간략하게 살펴보자.

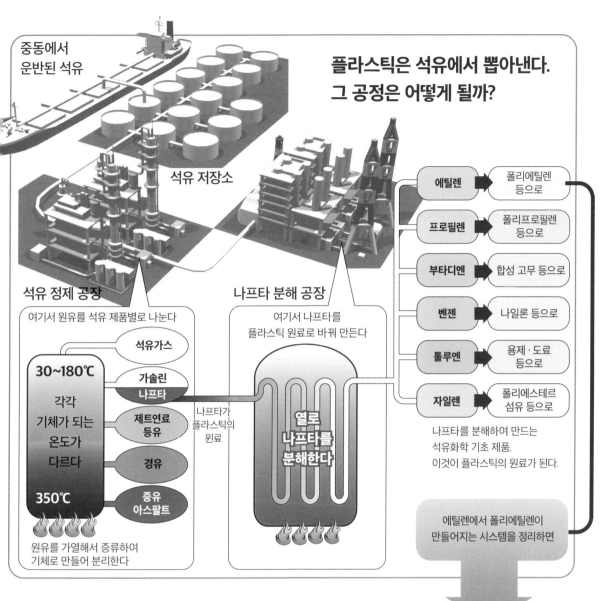

중동에서 운반된 석유

플라스틱은 석유에서 뽑아낸다. 그 공정은 어떻게 될까?

석유 저장소

석유 정제 공장

여기서 원유를 석유 제품별로 나눈다

30~180℃	석유가스
각각 기체가 되는 온도가 다르다	가솔린 나프타
	제트연료 등유
	경유
350℃	중유 아스팔트

원유를 가열해서 증류하여 기체로 만들어 분리한다

나프타 분해 공장

여기서 나프타를 플라스틱 원료로 바꿔 만든다

나프타가 플라스틱의 원료

열로 나프타를 분해한다

에틸렌 ▶ 폴리에틸렌 등으로

프로필렌 ▶ 폴리프로필렌 등으로

부타디엔 ▶ 합성 고무 등으로

벤젠 ▶ 나일론 등으로

톨루엔 ▶ 용제·도료 등으로

자일렌 ▶ 폴리에스테르 섬유 등으로

나프타를 분해하여 만드는 석유화학 기초 제품. 이것이 플라스틱의 원료가 된다.

에틸렌에서 폴리에틸렌이 만들어지는 시스템을 정리하면

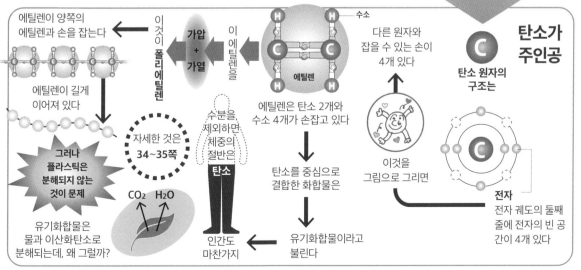

에틸렌이 양쪽의 에틸렌과 손을 잡는다

이것이 **폴리에틸렌**

이 에틸렌을 **가압 + 가열**

에틸렌이 길게 이어져 있다

그러나 플라스틱은 분해되지 않는 것이 문제

유기화합물은 물과 이산화탄소로 분해되는데, 왜 그럴까?

CO_2 H_2O

자세한 것은 **34~35쪽**

수분을 제외하면 체중의 절반은 **탄소**

인간도 마찬가지

에틸렌은 탄소 2개와 수소 4개가 손잡고 있다

탄소를 중심으로 결합한 화합물은

유기화합물이라고 불린다

수소

다른 원자와 잡을 수 있는 손이 4개 있다

이것을 그림으로 그리면

탄소가 주인공

C

탄소 원자의 구조는

전자

전자 궤도의 둘째 줄에 전자의 빈 공간이 4개 있다

플라스틱은 성질에 따라
열가소성과 열경화성으로 나뉜다

여러 번 성형할 수 있는 열가소성 수지

플라스틱에는 원하는 모양으로 굳힐 수 있는 가소성이 있다고 앞에서 이야기했는데, 모든 플라스틱에 반영구적인 가소성이 있는 것은 아니다. 플라스틱은 크게 2종류로 분류된다. 하나는 '열가소성', 다른 하나는 '열경화성'이라는 성질을 가진 플라스틱이다.

열가소성 플라스틱은 가열하면 말랑말랑해지고 식으면 딱딱해진다. 그러므로 몇 번이고 녹여서 다시 성형할 수 있다. 이것은 초콜릿에 많이 비유된다. 초콜릿을 녹여서 틀에 넣고 식히면 굳는다. 이것을 다시 녹여서 다른 모양으로 만들 수 있다. 몇 번을 가열하든 초콜릿은 초콜릿이다.

플라스틱plastic은 그리스어
플라스티코스(plastikos, '모양을 만들 수 있는')
에서 유래

가스레인지 근처에 깜박 잊고 조리도구를 놓아두었다가 변형되어버렸다면 그것은 틀림없이 열가소성 플라스틱이다.

리사이클할 수 없는 열경화성 수지

반면에 열경화성 플라스틱은 열을 가하면 화학 반응이 일어나 딱딱해지는데, 한 번 굳으면 원래 상태로 돌아가지 않는다. 이것은 쿠키를 만드는 것과 아주 비슷하다. 재료를 섞어서 가열하면 쿠키가 만들어진다. 그러나 다시 열을 가해도 녹아서 재료로 돌아오지는 않는다.

열경화성에는 페놀 수지나 에폭시 수지, 멜라민 수지 등이 있다. 열을 가해도 녹지 않는 장점을 활용하여 냄비나 프라이팬 손잡이에서 자동차나 항공기의 몸체까지, 내열성이 요구되는 것에 사용되고 있다. 단, 한 번 굳어버리면 두 번 다시 녹지 않으므로 리사이클이 대단히 곤란하다.

플라스틱을 만드는 2가지 방법

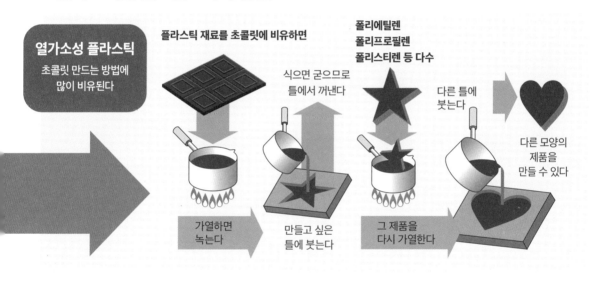

플라스틱이란, 작은 분자가 여러 개 결합한 고분자 화합물이다

모노머를 결합하여 폴리머로

플라스틱은 일반적인 물질과 어디가 다를까? 모든 물질은 분자로 이루어져 있다. 분자를 구성하는 것은 몇 개의 원자이다. 예를 들어 물 분자는 수소 원자 2개와 산소 원자 1개로 이루어져 있다. 아주 단순하고 작은 분자이다.

그럼, 비닐봉지 등에 사용되는 대표적인 플라스틱인 폴리에틸렌의 분자 구조를 알아보자. 폴리에틸렌은 탄소 2개, 수소 4개로 이루어진 에틸렌이라는 분자를 인공적으로 많이 결합시킨 것이다. 기본이 되는 분자(이 경우는 에틸렌)를 '모노머(monomer, 단량체)', 모노머를 연결하여 만들어진 것을 '폴리머(polymer, 중합체)'라고 한다. '모노'는 '하나', '폴리'는 '많다'는 뜻이다. 모든 플라스틱은 모노머를 여러 개 연결하여 폴리머로 만든 것이다. '폴리'가 붙은 이름이 많은 것은 그 때문이다.

이렇게 만들어진 폴리에틸렌은 여러 개의 탄소와 수소가 사슬처럼 결합하여 커다란 분자를 구성하고 있다. 이처럼 길고 커다란 분자를 '고분자'라고 한다. 사실 고분자는 자연계에도 많이 존재한다. 우리 몸을 이루고 있는 단백질, DNA 등도 고분자이다.

부가중합으로 폴리에틸렌을 만든다

그렇다면, 어떻게 인공적으로 폴리머를 만들까? 여기서 중요한 것은 원자가이다. 원자가란 말하자면, 다른 원자와 연결되기 위한 원자의 손의 개수다.

원자는 손의 개수가 각각 정해져 있으며 수소는 1개, 산소는 2개이다. 플라스틱에 빼놓을 수 없는 탄소에는 손이 4개 있으므로 다른 원자와 다양한 방법으로 연결되어 다양한 분자를 만들어낸다.

오른쪽 그림은 에틸렌이라는 모노머가 폴리에틸렌이라는 폴리머로 변하는 과정이다. 에틸렌은 탄소 2개와 수소 4개로 이루어져 있는데, 탄소의 손이 1개씩 남으므로 탄소끼리 이중으로 악수를 하고 있다. 이것을 이중결합이라고 하는데, 이중결합을 가진 분자는 폴리머를 만들기 쉽다.

몇 개의 에틸렌 분자가 서로 이웃한 상태에서 열이나 압력을 가하면 이중결합의 손이 떨어져서 옆에 있는 분자의 탄소와 손을 다시 잡는다. 이런 변형이 수백, 수천 번씩 반복되면 폴리머가 되는 것이다. 이처럼, 손을 바꿔잡아서 연쇄적으로 폴리머가 만들어지는 반응을 '부가중합付加重合'이라고 한다. 폴리스티렌, 폴리염화비닐, 폴리프로필렌 등도 부가중합에 의해 만들어지는 플라스틱이다.

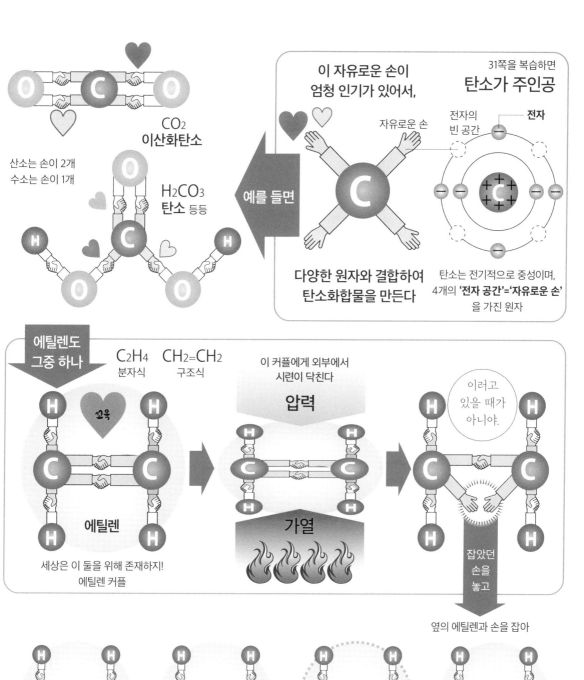

CO₂
이산화탄소

산소는 손이 2개
수소는 손이 1개

H₂CO₃
탄소 등등

이 자유로운 손이
엄청 인기가 있어서,

31쪽을 복습하면
탄소가 주인공

자유로운 손

전자의 빈 공간

전자

예를 들면

다양한 원자와 결합하여
탄소화합물을 만든다

탄소는 전기적으로 중성이며,
4개의 '전자 공간'='자유로운 손'
을 가진 원자

에틸렌도
그중 하나

C₂H₄
분자식

CH₂=CH₂
구조식

이 커플에게 외부에서
시련이 닥친다

압력

이러고
있을 때가
아니야.

에틸렌

세상은 이 둘을 위해 존재하지!
에틸렌 커플

가열

잡았던
손을
놓고

옆의 에틸렌과 손을 잡아

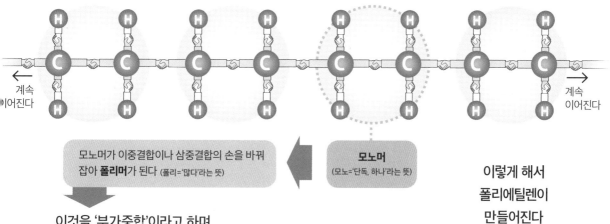

← 계속
이어진다

계속
이어진다 →

모노머가 이중결합이나 삼중결합의 손을 바꿔
잡아 **폴리머**가 된다 (폴리='많다'라는 뜻)

모노머
(모노='단독, 하나'라는 뜻)

이렇게 해서
폴리에틸렌이
만들어진다

이것을 '부가중합'이라고 하며
폴리머는 고분자 화합물이라고도 부른다

서로 다른 모노머를 연결할 수도 있고,
잡은 손을 떼어낼 수도 있다

탈수를 이용한 축합중합

앞에서는 부가중합으로 만들어지는 플라스틱을 이야기했는데, 중합법에는 축합중합縮合重合이라고 불리는 것도 있다. 축합중합이란 2개의 분자에서 일부분이 떨어져 나가고, 남은 부분이 결합하여 폴리머가 생기는 것이다. 대개는 물이 떨어져 나간다.

축합중합은 부가중합과 달리 서로 다른 모노머끼리 연결하여 새로운 성질을 가진 소재를 만들 수 있다.

오른쪽 그림은 축합중합을 극히 단순화하여 표시한 것이다. 모노머 A와 모노머 B를 연결하고 싶은데 각각의 분자 끝에는 수소나 산소가 연결되어 방해하고 있다. 여기에 열을 가하거나 하여 화학 반응을 일으키면 수소 2개와 산소 1개가 결합하여 물이 되어 떨어져 나간다. 말하자면 탈수이다. 물이 빠진 만큼, 끝부분 원자의 손이 비게 된다. 그 덕분에 A와 B는 직접 결합할 수 있게 된다.

축합중합에 의해 만들어지는 플라스틱에는 폴리에스테르, 폴리아미드(나일론) 등이 있는데, 그중에서도 우리가 많이 볼 수 있는 것은 폴리에스테르의 일종인 폴리에틸렌 테레프탈레이트(PET)일 것이다. PET는 테레프탈산과 에틸렌글리콜ethylene glycol이라는 2개의 성분을 축합중합한 것이며, 페트병 원료로 우리에게 익숙하다.

해중합으로 폴리머에서 모노머로

플라스틱 중합법은 그 밖에도 다양하며, 화학자들은 다양한 모노머를 결합하여 수많은 플라스틱을 만들어왔다. 그와 반대로 폴리머를 다시 모노머로 분해하는 것을 해중합解重合이라고 한다. 플라스틱 쓰레기가 문제가 되고 있는 지금, 리사이클의 한 가지 수단으로 해중합이 중시되고 있다.

'플라스틱은 분해되지 않는다'고 말하기도 하는데, 이것은 '자연분해되지 않는다'는 것이며, 중합과 반대의 화학 반응을 일으킴으로써 분해하는 것은 이론적으로 가능하다.

예를 들어 물이 빠져나가 축합중합했다면, 물을 더하면 원래로 돌아온다고 생각할 수 있다. 실제로는 그렇게 단순하지는 않으며, 다양한 조건이나 복잡한 공정이 필요하지만 이미 PET를 테레프탈산과 에틸렌글리콜이라는 2개의 모노머로 되돌려서 재활용하는 기술 등이 실용화되고 있다.

이 플라스틱 리사이클의 실태와 문제점에 대해서는 60쪽 이후에 좀 더 자세히 알아보자.

페트병은 '물'을 사용하여 만들어진다!?

H_2O를 조작하는 '축합중합'으로 **PET**를 만든다

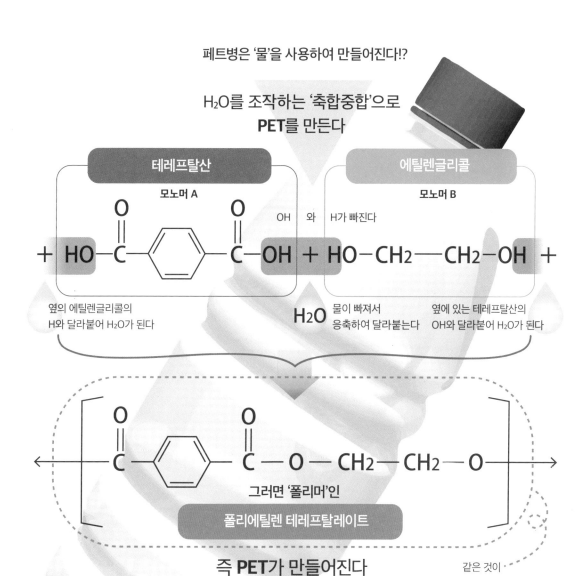

테레프탈산		에틸렌글리콜
모노머 A		모노머 B

OH 와 H가 빠진다

옆의 에틸렌글리콜의
H와 달라붙어 H_2O가 된다

H_2O

물이 빠져서
응축하여 달라붙는다

옆에 있는 테레프탈산의
OH와 달라붙어 H_2O가 된다

그러면 '폴리머'인

폴리에틸렌 테레프탈레이트

같은 것이
무수히 이어진다

즉 **PET**가 만들어진다

거기서 아이디어!

다시 '물' H_2O를 더하면
페트병은 리사이클 가능하다!?

이것을 '해중합'이라고 한다

한 번 더
'축합중합'

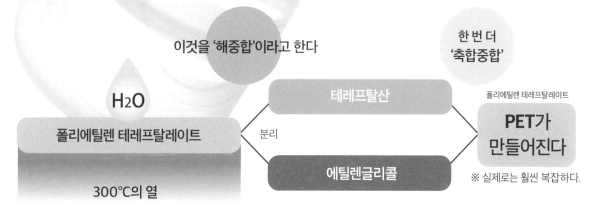

H_2O

폴리에틸렌 테레프탈레이트

300℃의 열

테레프탈산

분리

에틸렌글리콜

폴리에틸렌 테레프탈레이트

**PET가
만들어진다**

※ 실제로는 훨씬 복잡하다.

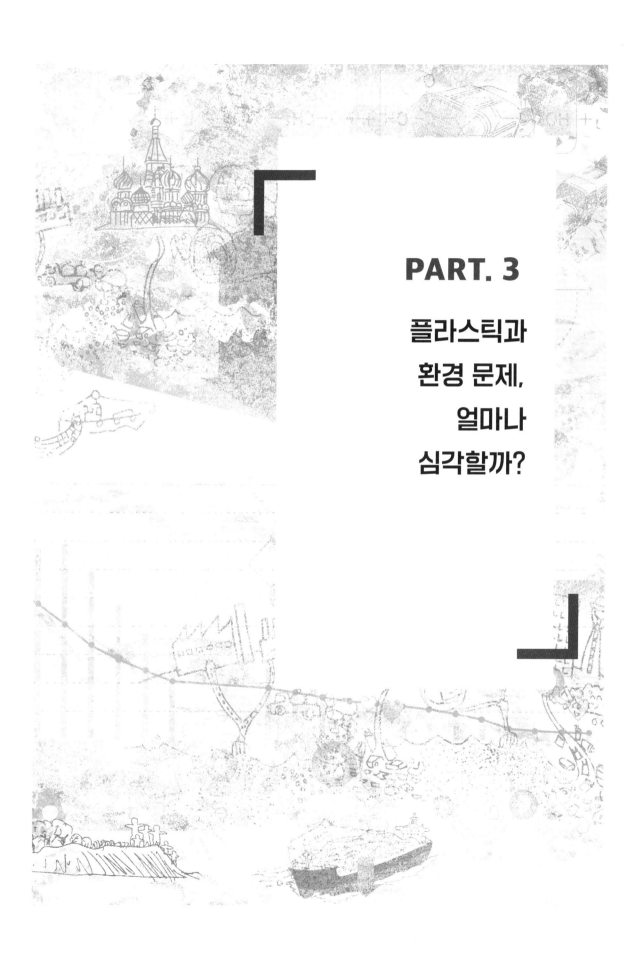

PART. 3

플라스틱과
환경 문제,
얼마나
심각할까?

묻어도 문제고, 태워도 문제다
도시 쓰레기 처리의 추세

플라스틱 쓰레기와 다이옥신 문제

환경 문제는 1972년에 열린 스톡홀름회의(유엔인간환경회의)에서 처음으로 세계적인 의제가 되었다. 급속한 공업화가 자연 파괴와 공해를 초래하여 플라스틱 쓰레기에 대한 위기감이 높아지고 있었다. 당초 플라스틱 쓰레기는 다른 쓰레기와 함께 매립 또는 소각 처리되고 있었다. 플라스틱 쓰레기는 매립해도 흙으로 돌아가지 않는다. 또한 당시 쓰레기 소각로에서는 플라스틱을 태우면 높은 열을 내서 소각로가 손상되거나 대기오염의 원인이 되는 매연을 내뿜는 문제가 있었다. 심지어 쓰레기 처리에 대한 불안감을 부채질하는 사건까지 일어났다.

1976년, 이탈리아 북부 세베조Seveso의 농약 공장에서 폭발 사고가 발생하여, 유해한 다이옥신이 날

1971년
고토 vs 스기나미
도쿄 쓰레기 전쟁
발발

도쿄의 쓰레기는 대부분
고토 구의 쓰레기 처리장에 매립되었다

고토 구에서
많은 파리가 발생

쓰레기는 태우자

쓰레기 소각로를 만들자

그러자
고토 구민이
뿔났다

뭐라구!

그런데 스기나미 구민이 소각로 건설에 반대

절대
반대

반대

쓰레기
공장

스기나미 구의
쓰레기 반입 거부

스기나미 구에
쓰레기가 범람

아와 주민 건강에 피해를 입히고 많은 가축이 죽었다. 이 다이옥신이 그 후 네덜란드, 일본 등 각국의 쓰레기 소각로에서 검출되어 큰 문제가 되었다.

한때는 '플라스틱을 태우면 다이옥신이 나온다'는 말도 있었지만 현재 이 설은 부정되고 있다. 다이옥신류는 탄소, 수소, 산소, 염소가 연소하는 과정에서 생기는데, 플라스틱은 주로 탄소와 수소로 이루어져 있으므로 태우면 이산화탄소와 물이 발생한다.

다이옥신이 발생할 수 있는 것은 염소를 함유한 경우이다. 예를 들어 폴리염화비닐이나 랩의 원료이기도 한 폴리염화비닐리덴을 들 수 있다. 단, 실제 소각로에는 염소를 함유한 온갖 쓰레기가 섞여 있다. 식용 소금이나 간장이 섞인 음식물 쓰레기조차 다이옥신 발생원이 될 수 있는 것이다. 그러므로 최신 소각로에서는 이중삼중으로 다이옥신 대책이 세워져서 발생량이 크게 줄어들었다.

1990년대 이후 플라스틱 리사이클이 시작되었지만 플라스틱 쓰레기는 더욱 증가하고 있다. 심지어 플라스틱 쓰레기가 재생 가능한 자원으로 국경을 넘어 거래되면서 새로운 문제가 생겨났다.

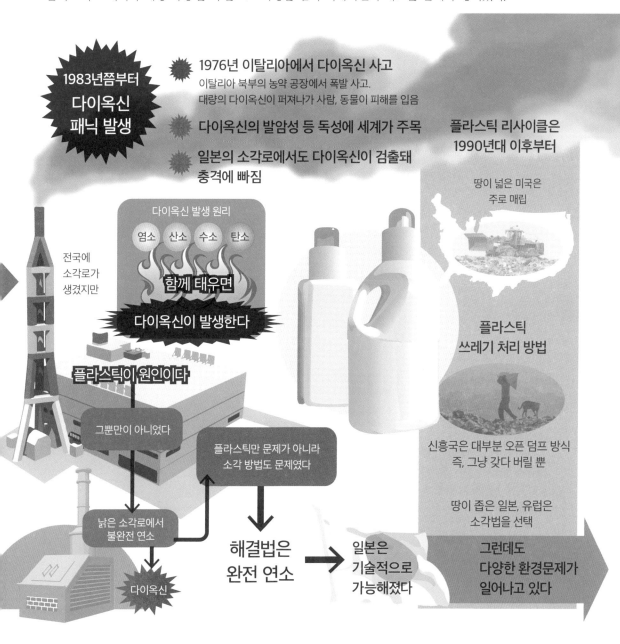

국경을 넘는 플라스틱 쓰레기
중국이 수입 금지를 결단하기까지

선진국이 수출한 것은 환경 오염이었다

2017년 말을 기점으로 중국은 플라스틱 쓰레기 수입을 금지했다. 중국은 개혁개방 정책을 내걸고 1980년대부터 공업화를 추진했다. 당연히 플라스틱 수요도 커졌다. 그런데 플라스틱을 자국에서 만들려면 석유 플랜트부터 건설해야 한다. 그보다는 플라스틱 쓰레기를 재생하는 것이 효율이 높으므로 중국은 플라스틱 쓰레기를 자원으로서 유럽, 미국, 일본에서 수입한 다음 재생 가공한 제품을 수출하여 경제 성장을 지탱해왔다.

플라스틱 쓰레기를 수출하는 쪽에도 장점이 있었다. 자국에서 리사이클하면 설비 비용이나 인건비

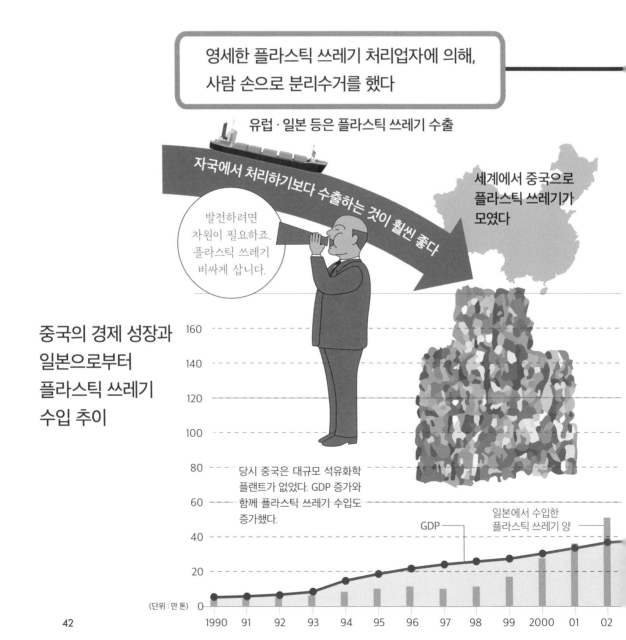

영세한 플라스틱 쓰레기 처리업자에 의해, 사람 손으로 분리수거를 했다

유럽·일본 등은 플라스틱 쓰레기 수출

자국에서 처리하기보다 수출하는 것이 훨씬 좋다

발전하려면 자원이 필요하죠. 플라스틱 쓰레기 비싸게 삽니다.

세계에서 중국으로 플라스틱 쓰레기가 모였다

중국의 경제 성장과 일본으로부터 플라스틱 쓰레기 수입 추이

당시 중국은 대규모 석유화학 플랜트가 없었다. GDP 증가와 함께 플라스틱 쓰레기 수입도 증가했다.

GDP

일본에서 수입한 플라스틱 쓰레기 양

(단위 : 만 톤)

160 / 140 / 120 / 100 / 80 / 60 / 40 / 20 / 0

1990 91 92 93 94 95 96 97 98 99 2000 01 02

등 엄청난 돈이 드는 쓰레기를 중국이 비싼 값에 사준 것이다. 1990년대부터 2000년대에 걸쳐서 타이, 베트남, 인도네시아 등 경제력을 갖춘 아시아 여러 나라에서도 플라스틱 쓰레기 수요가 커진다. 이리하여 플라스틱 쓰레기는 국경을 넘어 리사이클되었다.

그러나, 수입된 쓰레기 중에는 그대로는 리사이클할 수 없는 것도 포함되어 있었다. 그 쓰레기들을 저임금으로 고용된 현지인들이 일일이 손으로 분류했다. 처리되지 못한 쓰레기 산은 방치되고, 그대로 태워서 유해 물질이 발생하거나 일부 쓰레기가 강으로 흘러들어가기도 했다. 선진국은 쓰레기를 수출하여 리사이클하려 했다지만, 사실은 환경 오염을 다른 나라에 떠넘기고 있었던 것이다.

중국이 플라스틱 쓰레기 수입을 금지한 가장 큰 이유도 환경 오염을 막기 위해서였다. 지난 10년 동안 급속한 발전을 이룬 중국은 이제 플라스틱의 일대 생산·소비국이 되어 국내에서 발생하는 대량의 플라스틱 쓰레기 대책이라는 새로운 문제를 끌어안고 있다.

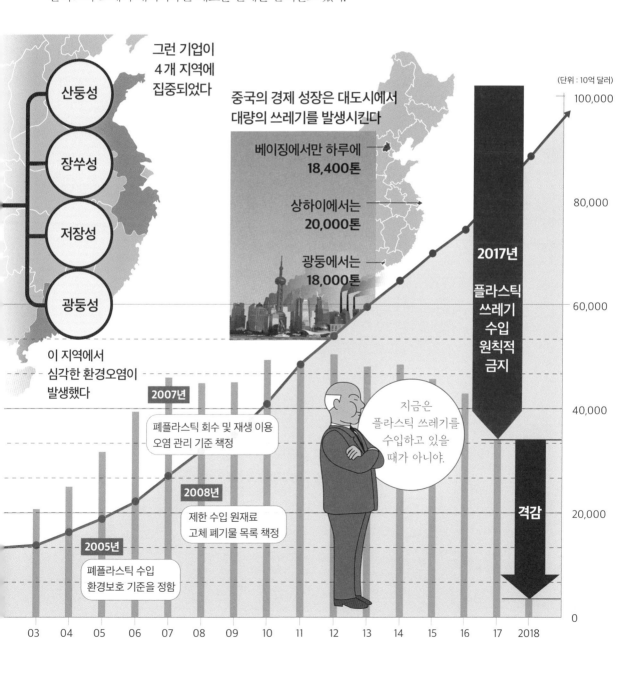

중국에 이어 아시아 다른 나라들도 플라스틱 쓰레기 거부
바젤협약 개정에 이르다

불법 쓰레기가 잇따라 반송되다

중국의 플라스틱 쓰레기 수입 금지가 실시된 2018년, 전 세계의 플라스틱 쓰레기 수출량은 반감했지만, 나머지는 일제히 동남아시아 등으로 흘러갔다. 급격히 늘어난 플라스틱 쓰레기 컨테이너가 항구에 북적댔고 여러 나라가 잇따라 수입 규제를 표명했다.

2019년 10월 현재, 말레이시아는 실질적으로 수입을 금지했고 타이는 2021년부터 수입이 전면 금지된다. 인도네시아와 인도도 수입 금지를 표명했고 기존에 수입을 제한하던 나라도 규제를 강화하고 있다. 이런 발빠른 대응은 '아시아는 선진국의 쓰레기 처리장이 아니다'라는, 내부의 불만이 표출된 것이기도 했다.

인도네시아에서는 이미 1990년대부터 플라스틱 쓰레기 컨테이너를 항구에 두고 사라져버린 사건이나 불법 쓰레기 수입이 문제가 되고 있었다. 중국이 수입을 금지한 후인 2019년 6월에도 미국에서 수입한 컨테이너에 음식물 쓰레기가 들어 있는 플라스틱 용기나 사용한 종이 기저귀가 들어 있는 것이 들통 나서 반송되기도 했다.

필리핀에서도 2014년에 캐나다에서 재생 자원이라고 속인 대량의 음식물 쓰레기가 운송되었다. 그 후 5년이 지나도 캐나다가 회수해 가지 않자 두테르테 대통령은 '필리핀을 쓰레기 처리장으로 삼았다'고 격노했다. 2019년 2월에도 한국에서 필리핀으로 불법 수출된 플라스틱 쓰레기 6,300톤 가운데 일부가 반송되었지만 수출한 업자가 자취를 감춰버리는 사건이 발생하는 등, 쓰레기 수출업자의 윤리의식 부족도 문제가 되고 있다.

또한 중국이 수입을 금지한 후 밀반입이나 불법 수입도 횡행하여 2018년 5월에는 중국에서 수입할 수 없게 된 플라스틱 쓰레기를 중국계 업자가 타이에 밀반입했다가 적발되기도 했다. 그 밖에, 중국의 수입 금지로 플라스틱 쓰레기 수입이 가장 늘어난 말레이시아에서는 리사이클 처리에 관련된 많은 공장이 환경 규제를 지키지 않고 기계를 가동하여 불법 공장이 밀집한 지대에서 수질 오염이 심각해지고 있다.

이런 사태로 인해 2019년 5월 유해 폐기물의 국가 간 이동 및 처리에 관한 국제협약인 바젤협약이 개정되어 2021년부터 '오염된 플라스틱 쓰레기'를 새로운 규제 대상으로 삼았다. 이제 수입국의 허가가 없으면 오염된 플라스틱 쓰레기는 수출할 수 없게 되었다.

인도네시아의 조코Joko Widodo 대통령이 '우리나라 쓰레기도 제대로 처리하지 못하는데 왜 다른 나라 쓰레기까지 받아야 하는가. 리사이클은 자기 나라에서 하라'고 비판했듯이, 타국에 의존해온 선진국은 리사이클 정책을 당장 전환해야 할 상황에 몰렸다.

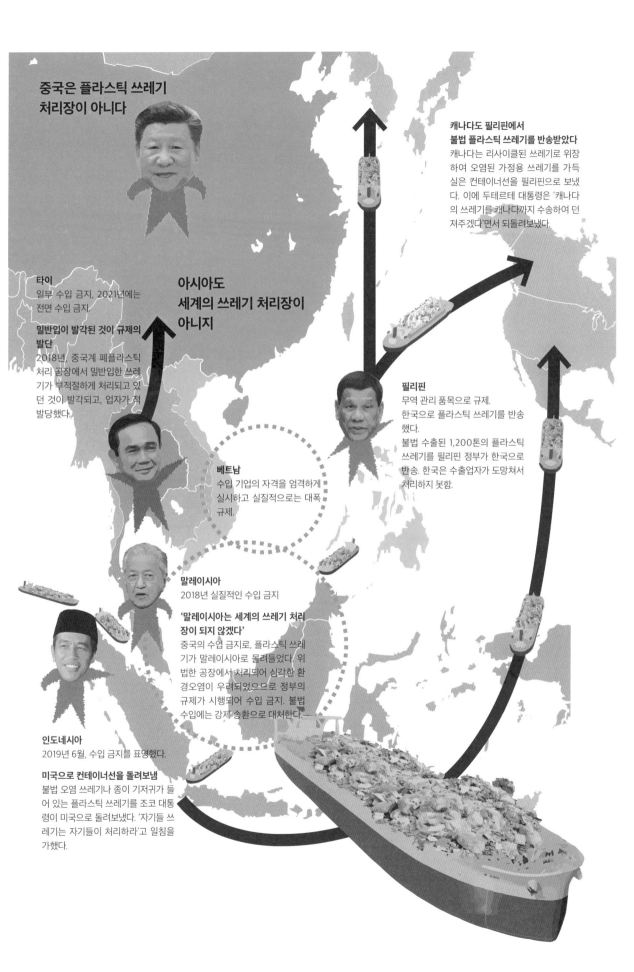

중국은 플라스틱 쓰레기 처리장이 아니다

타이
일부 수입 금지, 2021년에는 전면 수입 금지.

밀반입이 발각된 것이 규제의 발단
2018년, 중국계 폐플라스틱 처리 공장에서 밀반입한 쓰레기가 부적절하게 처리되고 있던 것이 발각되고, 업자가 적발당했다.

아시아도 세계의 쓰레기 처리장이 아니지

베트남
수입 기업의 자격을 엄격하게 실시하고 실질적으로는 대폭 규제.

말레이시아
2018년 실질적인 수입 금지

'말레이시아는 세계의 쓰레기 처리장이 되지 않겠다'
중국의 수입 금지로, 플라스틱 쓰레기가 말레이시아로 몰려들었다. 위법한 공장에서 처리되어 심각한 환경오염이 우려되었으므로 정부의 규제가 시행되어 수입 금지. 불법 수입에는 강제 송환으로 대처한다.

인도네시아
2019년 6월, 수입 금지를 표명했다.

미국으로 컨테이너선을 돌려보냄
불법 오염 쓰레기나 종이 기저귀가 들어 있는 플라스틱 쓰레기를 조코 대통령이 미국으로 돌려보냈다. '자기들 쓰레기는 자기들이 처리하라'고 일침을 가했다.

캐나다도 필리핀에서 불법 플라스틱 쓰레기를 반송받았다
캐나다는 리사이클된 쓰레기로 위장하여 오염된 가정용 쓰레기를 가득 실은 컨테이너선을 필리핀으로 보냈다. 이에 두테르테 대통령은 '캐나다의 쓰레기를 캐나다까지 수송하여 던져주겠다'면서 되돌려보냈다.

필리핀
무역 관리 품목으로 규제.
한국으로 플라스틱 쓰레기를 반송했다.
불법 수출된 1,200톤의 플라스틱 쓰레기를 필리핀 정부가 한국으로 반송. 한국은 수출업자가 도망쳐서 처리하지 못함.

아시아 · 아프리카의 개발도상국은
왜 일찌감치 비닐봉지를 규제했을까

가축의 생명을 빼앗아 가는 쓰레기 산

플라스틱 제품, 특히 비닐봉지를 규제하는 나라가 늘고 있다. 22~23쪽 지도를 보자. 비닐봉지를 규제하는 나라는 플라스틱의 생산, 소비량이 많은 선진국뿐만이 아니다. 아시아, 아프리카의 여러 개발도상국에서도 규제를 하고 있다. 그 이유는 플라스틱 오염에 노출된 정도가 심각하기 때문이다.

원래 개발도상국에는 쓰레기 처리장이 충분히 갖춰져 있지 않아서 빈터나 계곡에 쓰레기를 던져버리는 '오픈 덤프' 방식이 많다. 악취를 풍기는 쓰레기 산에서 재활용할 수 있는 물건을 주워서 생계를 꾸려가는 사람도 적지 않다. 쓰레기 산에는 굶주린 가축도 모여들어 플라스틱 쓰레기를 먹고 있다.

몽골에서는 1990년대부터 유목민들도 플라스틱 제품을 사용하게 되어 초원에 플라스틱 쓰레기가 버려졌다. 양이나 소가 플라스틱을 풀로 착각하여 먹고 쇠약해져 죽은 사례가 빈번히 보고되었다. 심지어 쓰레기를 먹은 가축의 고기나 젖을 섭취함으로써 인체에 영향이 미치는 것도 우려되어 얇은 비닐봉지 사용이 금지되었다. 인도에서는 힌두교에서 성스러운 존재로 여겨지는 소가 플라스틱 쓰레기를 먹고 사망하는 것을 막기 위해 일부 비닐봉지 사용이 금지되고 있다. 방글라데시에서는 과거에 대량의 비닐봉지로 배수구가 막혀서 대홍수의 한 가지 원인이 되었으므로 2002년에 이미 비닐봉지가 금지되었다.

규제가 가장 엄격한 아프리카의 속사정

현재 플라스틱 사용을 가장 엄격하게 규제하는 곳은 놀랍게도 아프리카다. 아프리카 55개국 가운데 비닐봉지를 규제하고 있는 나라는 약 30개국이나 된다.

2000년 이후, 아프리카 여러 나라는 눈부신 경제 성장을 보였으며 도시에서 일하는 사람이 늘고 자급자족 생활에서 상품을 소비하는 생활로 확 바뀌었다. 그 결과 처리되지 못한 쓰레기가 산처럼 쌓이고, 그것이 무너져서 사망자가 나오는 사건까지 일어났다.

세계에서 벌칙 규정이 가장 엄격한 케냐의 비닐봉지 금지령은 이런 심각한 쓰레기 사정을 배경으로 2017년에 시행되었다. 처리장 정비나 쓰레기 분리 규칙을 철저히 하려면 시간과 비용이 든다. 그보다는 쓰레기가 될 만한 제품을 만들지 않고, 팔지 않고, 사용하지 않는 사회를 만드는 것이 빠를 것이다. 개발도상국다운 현명한 판단이었다.

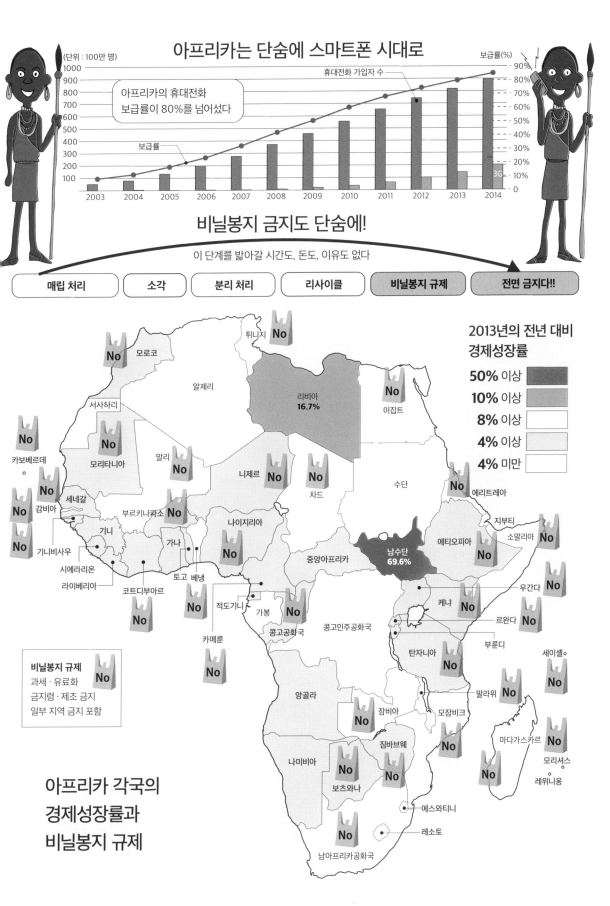

아프리카는 단숨에 스마트폰 시대로

(단위 : 100만 명)

보급률(%)

휴대전화 가입자 수

아프리카의 휴대전화
보급률이 80%를 넘어섰다

보급률

2003 2004 2005 2006 2007 2008 2009 2010 2011 2012 2013 2014

비닐봉지 금지도 단숨에!

이 단계를 밟아갈 시간도, 돈도, 이유도 없다

| 매립 처리 | 소각 | 분리 처리 | 리사이클 | 비닐봉지 규제 | 전면 금지다!! |

2013년의 전년 대비
경제성장률

50% 이상
10% 이상
8% 이상
4% 이상
4% 미만

튀니지

모로코

알제리

리비아
16.7%

이집트

서사하라

카보베르데

모리타니아

말리

니제르

차드

수단

에리트레아

세네갈

감비아

부르키나파소

나이지리아

중앙아프리카

남수단
69.6%

에티오피아

지부티

소말리아

기니

가나

토고 베냉

코트디부아르

라이베리아

적도기니

가봉

콩고공화국

콩고민주공화국

케냐

우간다

르완다

부룬디

세이셸

시에라리온

기니비사우

카메룬

탄자니아

비닐봉지 규제
과세 · 유료화
금지령 · 제조 금지
일부 지역 금지 포함

앙골라

잠비아

말라위

모잠비크

마다가스카르

모리셔스
레위니옹

아프리카 각국의
경제성장률과
비닐봉지 규제

나미비아

보츠와나

짐바브웨

남아프리카공화국

에스와티니

레소토

플라스틱 수프의 바다,
그 많은 표류 쓰레기는 어디에서 왔을까

바다에 흘러든 수지 펠릿

1997년, 해양환경조사 연구자 찰스 무어가 북태평양에서 플라스틱 쓰레기더미를 발견했다. 그때 본 광경을 그는 자신의 책에서 '플라스틱으로 만들어진 묽은 수프'라고 표현하고 있다. 플라스틱 파편 안에 얽힌 어망, 부표, 튜브 등 온갖 잡동사니의 잔해가 경단처럼 둥둥 떠 있었던 것이다.

플라스틱 쓰레기에 의한 해양 오염은 1970년대부터 지적되었다. 오염원 가운데 하나는 플라스틱 제품의 가공 원료로 사용되는 수지 펠릿pellet이다. 수지 펠릿은 플라스틱을 녹여서 입자로 만든 것인데, 지름 몇 밀리미터인 비즈 같은 모양을 하고 있다. 흘러나오면 산산히 흩어지기 쉬워 공장이나 수송 트럭, 수송선 등에서 새어 나온 것이 해안이나 하천 둔치에서 빈번히 발견되었다. 1990년대에 들어 세계 주요국에서 펠릿 유출 방지 대책이 세워졌지만 이미 대량의 펠릿이 바다로 흘러가서 전 세계의 해안에서 발견되는 데다 지금도 계속 유출되고 있다고 한다.

가장 심각한 것은 하천에서의 유출

자주 발견되는 또 하나의 오염원은 어선이 의도치 않게, 또는 일부러 투기한 다양한 어구이다. 그중에서도 어망은 전체 길이 몇 킬로미터에 이르는 것도 있으며, 고스트네트(유령망)가 되어 바다를 떠돌아다니면서 해양 생물을 옭아매어 목숨을 빼앗아 간다.

어선 이외에도 관광객을 태운 크루즈선이나 순찰하는 해군 배의 불법 투기도 확인되고 있다. 상선이 선적해둔 컨테이너가 폭풍 등으로 바다에 떨어지기도 하고, 사고를 당한 침몰선이나 추락한 비행기에서도 플라스틱이 유출된다.

불가항력인 재해가 발생할 때도 플라스틱이 유출된다. 2011년 동일본 대지진 때는 엄청난 양의 가재도구, 자동차, 양식 시설 등이 쓰나미에 휩쓸려 갔고 그중 일부는 북미까지 흘러갔다. 지금도 150만 톤 정도의 잡동사니 더미가 해양을 떠돌고 있다. 그 밖에 연안의 공업시설이나 하수 처리시설에서의 유출도 바다를 오염시킨다. 해안에서 아무렇게나 버리는 플라스틱 쓰레기는 말할 것도 없다.

현재 가장 문제시되고 있는 것은 16~17쪽 그림에서 본 하천에서의 유출이다. 그중 약 80%는 중국, 인도네시아, 필리핀, 베트남 등 아시아 여러 나라에서 흘러온 것이다. 매립지나 리사이클 공장에 산더미처럼 쌓인 플라스틱 쓰레기가 가까운 강으로 흘러가버리는 상황을 하루빨리 개선하지 않으면 해양 쓰레기는 계속 늘어날 것이다.

플라스틱으로 해수 수프 만드는 법

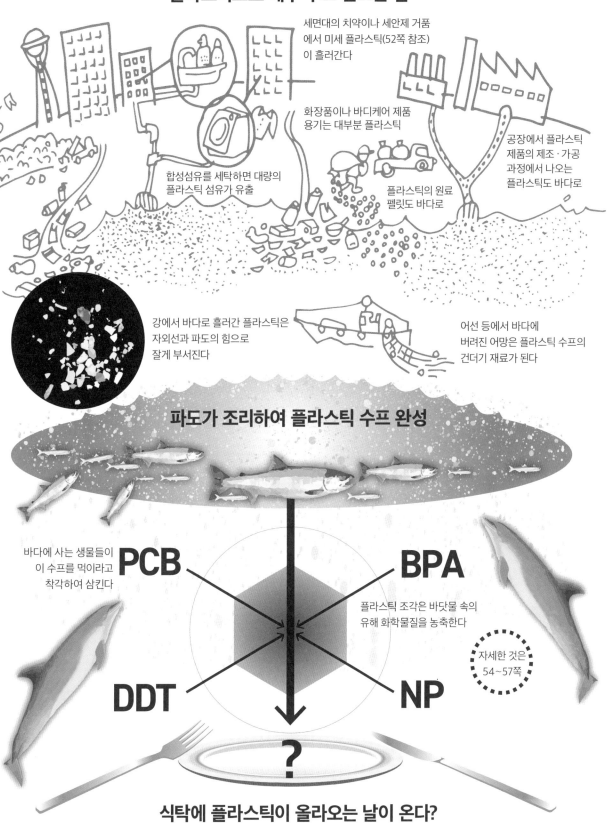

세면대의 치약이나 세안제 거품에서 미세 플라스틱(52쪽 참조)이 흘러간다

화장품이나 바디케어 제품 용기는 대부분 플라스틱

공장에서 플라스틱 제품의 제조·가공 과정에서 나오는 플라스틱도 바다로

합성섬유를 세탁하면 대량의 플라스틱 섬유가 유출

플라스틱의 원료 펠릿도 바다로

강에서 바다로 흘러간 플라스틱은 자외선과 파도의 힘으로 잘게 부서진다

어선 등에서 바다에 버려진 어망은 플라스틱 수프의 건더기 재료가 된다

파도가 조리하여 플라스틱 수프 완성

바다에 사는 생물들이 이 수프를 먹이라고 착각하여 삼킨다

PCB

BPA

플라스틱 조각은 바닷물 속의 유해 화학물질을 농축한다

자세한 것은 54~57쪽

DDT

NP

?

식탁에 플라스틱이 올라오는 날이 온다?

해양 플라스틱 쓰레기가
바다 생물들의 수명을 단축한다

비닐봉지 40킬로그램을 삼킨 고래

　해양오염의 영향을 맨 먼저 받는 것은 바다에 사는 생물들이다. 해양 쓰레기 문제도 생물에게 미치는 심각한 피해가 잇따라 밝혀지면서 세상에 널리 알려지게 되었다. 해양 쓰레기에는 해안에 머무는 것도 있지만 해면을 떠돌 뿐만 아니라 해저에 가라앉는 것도 상당히 많으며, 해변에서 심해까지 광범위하게 피해를 끼친다.

　많이 볼 수 있는 피해 가운데 하나는 바다거북이나 바다표범 등이 플라스틱 어망이나 로프에 걸려서 죽어가는 경우이다. 플라스틱 파편이나 봉지를 잘못해서 먹어버리는 경우도 있다.

　플라스틱은 소화기관에서 분해되지 않으므로 그대로 배출되면 괜찮지만 대량으로 삼켜서 걸리면 목

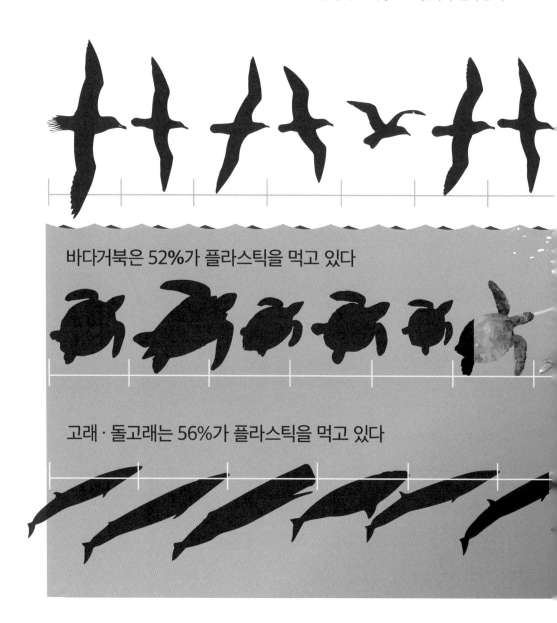

바다거북은 52%가 플라스틱을 먹고 있다

고래 · 돌고래는 56%가 플라스틱을 먹고 있다

숨을 빼앗긴다. 요즘 세계 곳곳에서 죽은 고래의 뱃속에서 대량의 플라스틱이 발견되고 있는 사건도 한 가지 예이다. 2019년 3월에는 필리핀의 해안으로 밀려온 고래의 위 속에서 40킬로그램 정도의 비닐봉지가 발견되어 사태의 심각성이 새삼 알려졌다.

바다 생물이 플라스틱을 먹고 있다는 사실은 1962년에 이미 보고되었다. 바닷새의 위에서 플라스틱 쓰레기가 발견된 것이다. 이후 각국의 연구자들이 바닷새를 조사하고 있는데 플라스틱 쓰레기가 체내에서 발견되는 비율은 해마다 증가하고 있다. 내용물은 비닐봉지, 병뚜껑, 합성 섬유, 발포 스티로폼 조각 등, 바다에 있어서는 안 되는 것들이다.

지금은 잘못해서 플라스틱을 먹는 해양 생물이 200종 이상이며 바다거북의 52%, 고래나 돌고래의 56%, 바닷새의 약 90%가 플라스틱을 먹고 있는 것으로 추정되고 있다.

플라스틱을 먹는 것이 직접적으로 건강에 미치는 피해는 아직 알 수 없지만, 지켜보고만 있을 수는 없다.

바닷새의 90%가 먹이로 착각하여 플라스틱을 먹고 있다

전 세계 약 300종의 바닷새 가운데 3분의 1이 멸종 위기에 처해 있다. 그 원인 가운데 하나가 잘못해서 플라스틱을 먹는 것이다. 어미 새가 플라스틱을 먹이라고 착각하여 새끼에게 먹여서 죽이는 경우도 많다.

일본의 심해에도 플라스틱 쓰레기가 퇴적되어 있다

어선이 투기한 어망에 엉켜서 질식하는 바다거북이 다수 보고되고 있다. 물개, 바다표범도 같은 피해를 입고 있다.

2019년 봄, 필리핀에서 발견된 고래 사체에서 40킬로그램이나 되는 플라스틱 봉지가 발견되었다. 같은 예가 각지에서 보고되고 있다.

6200m

1991년, 일본의 유인 잠수정 '신카이6500'이 일본 해구의 6,200미터 심해에 퇴적된 플라스틱 쓰레기를 발견했다.

생태계로 들어온 아주 작은 골칫거리, 미세 플라스틱

세계 바다에 5조 개가 떠돌고 있는 것으로 추정된다

오래된 빨래집게가 바스러지듯이 플라스틱은 잘게 부서지기도 한다. 같은 일이 바다에서도 일어나고 있다. 바다 위를 떠도는 플라스틱 쓰레기는 자외선이나 파도의 힘에 의해 부스러지고 차츰 작아진다. 그러나 작아져도 플라스틱이 가진 성질은 변치 않는다. 자연 분해되지 않고 계속 남아 있는 것이다.

이런 플라스틱 조각 중에서 5밀리미터 이하인 것을 미세 플라스틱이라고 하며, 현재 세계의 바다에 5조 개나 떠다니고 있는 것으로 추측된다. 심지어 일본 근해에는 세계 평균의 27배나 되는 미세 플라스틱이 떠다니고 있다고 한다.

미세 플라스틱이 골치 아픈 이유는 크기가 딱 동물성 플랑크톤 정도라는 점이다. 그러므로 물고기들은 플랑크톤이라고 착각하여 미세 플라스틱을 먹어버린다. 그것이 체내에 축적되고, 먹이사슬에 의해 더 큰 물고기로 옮겨 갈 위험이 있는 것이다.

마이크로 비즈가 집에서 바다로

우리 일상생활 속에서도 미세 플라스틱이 유출되고 있다. 그중 하나가 마이크로 비즈 microbeads라고 불리는 1밀리미터 이하의 미세 플라스틱이다. 각질 제거나 세정에 효과가 좋아 세안제나 화장품, 치약 등 많은 제품에 사용되고 있는데, 하수구를 통해 바다로 연간 몇백만 톤이 유출되고 있다고 한다. 한번 바다로 나가면 회수는 거의 불가능하다.

그래서 일부 국가에서는 제조나 판매가 규제되고 있는데, 일본에서는 회사에 자체 규제를 요청하는 정도에 그치고 있다. 이미 대기업은 사용을 중지하고 있기는 하지만, 혹시 신경 쓰이는 제품이 있다면 원료를 살펴보자. 폴리에틸렌, 폴리프로필렌 등이 들어 있다면 그것이 마이크로 비즈다.

그 밖에 합성섬유로 된 옷을 빨면 세탁 때가 나오고, 멜라민 스펀지를 사용하면 찌꺼기가 나온다. 이것들을 배수구에 흘려보내면 하수 처리장을 거쳐 바다로 흘러간다.

플라스틱에 둘러싸인 현대의 삶 속에서 미세 플라스틱의 발생원은 곳곳에 숨어 있다. 이미 수돗물, 페트병에 든 음료, 맥주, 식용 소금, 심지어 인간의 변에서도 미세 플라스틱이 검출되고 있는데 섭취 경로는 알 수 없다. 만약 인간이 섭취했다 해도 극소량이므로 그대로 배출되지만, 걱정스러운 것은 플라스틱에 달라붙는 유해 화학물질의 영향이다. 그것에 대해서는 다음 페이지에서 살펴보자.

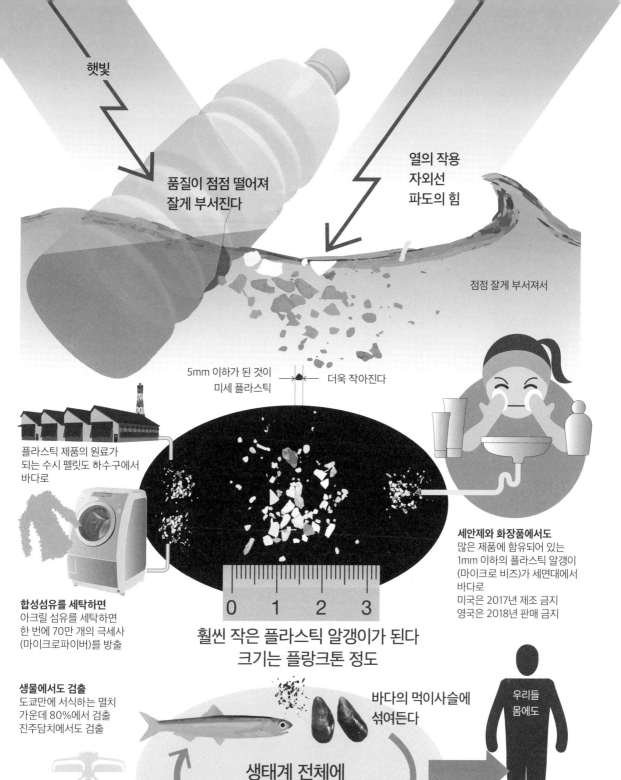

햇빛

품질이 점점 떨어져
잘게 부서진다

열의 작용
자외선
파도의 힘

점점 잘게 부서져서

5mm 이하가 된 것이
미세 플라스틱 → 더욱 작아진다

플라스틱 제품의 원료가
되는 수시 펠릿도 하수구에서
바다로

세안제와 화장품에서도
많은 제품에 함유되어 있는
1mm 이하의 플라스틱 알갱이
(마이크로 비즈)가 세면대에서
바다로
미국은 2017년 제조 금지
영국은 2018년 판매 금지

합성섬유를 세탁하면
아크릴 섬유를 세탁하면
한 번에 70만 개의 극세사
(마이크로파이버)를 방출

0 1 2 3

훨씬 작은 플라스틱 알갱이가 된다
크기는 플랑크톤 정도

생물에서도 검출
도쿄만에 서식하는 멸치
가운데 80%에서 검출
진주담치에서도 검출

바다의 먹이사슬에
섞여든다

우리들
몸에도

**생태계 전체에
침투해간다**

플라스틱 알갱이가 운반하는
유해 물질이 지방으로
축적된다고 의심되기도 한다

전 세계 수돗물에서도
세계 14개국 수돗물을
조사한 결과 이탈리아를
제외한 13개국에서 검출

이미 페트병에 든 음료수의
83~90%에 들어 있다는
조사보고도 있다

자세한 것은 다음 페이지에서

플라스틱 쓰레기가 해양을 떠돌며
유해 화학물질을 운반한다

오염 물질을 끌어당기는 플라스틱 쓰레기

플라스틱은 장기간 바닷물에 노출되어도 화학적으로 변화하는 일은 없다. 적어도 플라스틱 자체에는 독성이 없는데, 바다를 떠도는 동안 해로운 물질이 된다는 것이 문제다.

인류가 만들어낸 화학물질 중에는, 사용 후에 독성이 발견되어 제조나 사용을 중지했지만 과거에 배출된 채 대기 중에 계속 남아 있는 것이 있다. 예를 들어 농약이나 살충제로 제2차 세계 대전 후에 널리 사용되었던 DDT, 절연유絕緣油로 사용되어 일본에서 가네미유 사건* 의 원인이 되기도 했던 폴리염화비페닐(PCB), 쓰레기 소각 등에 의해 의도치 않게 발생하는 다이옥신류 등이다.

이러한 물질은 잔류성 유기 오염물질(POPs)이라 불리며, 잘 분해되지 않고 생물의 체내에 축적되기 쉬우며 멀리까지 이동하여 악영향을 미치므로 국제협약으로 규제되고 있다.

해양의 미세 플라스틱은 바다 속 유독물질을 농축시켜 흡착한다

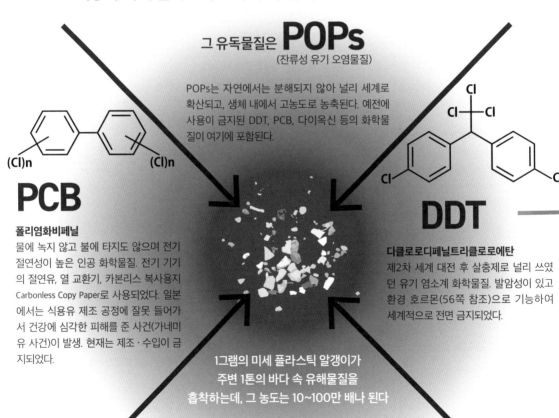

그 유독물질은 **POPs**
(잔류성 유기 오염물질)

POPs는 자연에서는 분해되지 않아 널리 세계로 확산되고, 생체 내에서 고농도로 농축된다. 예전에 사용이 금지된 DDT, PCB, 다이옥신 등의 화학물질이 여기에 포함된다.

PCB

폴리염화비페닐
물에 녹지 않고 불에 타지도 않으며 전기 절연성이 높은 인공 화학물질. 전기 기기의 절연유, 열 교환기, 카본리스 복사용지 Carbonless Copy Paper로 사용되었다. 일본에서는 식용유 제조 공정에 잘못 들어가서 건강에 심각한 피해를 준 사건(가네미유 사건)이 발생. 현재는 제조·수입이 금지되었다.

DDT

디클로로디페닐트리클로로에탄
제2차 세계 대전 후 살충제로 널리 쓰였던 유기 염소계 화학물질. 발암성이 있고 환경 호르몬(56쪽 참조)으로 기능하여 세계적으로 전면 금지되었다.

1그램의 미세 플라스틱 알갱이가 주변 1톤의 바다 속 유해물질을 흡착하는데, 그 농도는 10~100만 배나 된다

쇼난 구게누마 해안 조사에서 처음 발견되었다
1998년, 도쿄농공대학의 다카다 교수가 구게누마 해안에서 채취한 플라스틱 조각에서 고농도 환경 호르몬과 PCB가 검출되었다. 플라스틱이 해양의 유해물질을 운반하고 있는 실태가 명백해졌다.

POPs는 바닷물에도 존재하지만, 대단히 낮은 농도이다. 그런데 도쿄농공대학의 다카다 히데시게高田秀重 교수의 오랜 조사 연구 끝에 해양 플라스틱 쓰레기가 오염 물질의 농도를 높인다는 사실이 알려졌다. 발단은 1998년에 가나가와현의 구게누마鵠沼 해안에서 채취된 플라스틱 조각에서 고농도 PCB가 검출된 사건이었다.

POPs는 기름과 친해지기 쉬운 성질을 갖고 있다. 플라스틱은 원래 석유(즉 기름)로 되어 있으므로 오염물질이 붙어 농축된다. 심지어 1그램의 플라스틱에 바닷물 1톤 속의 오염물질이 농축된다고 한다.

플라스틱에 사용되는 첨가제 중에 유해하다고 여겨지는 것도 있다(자세한 것은 57쪽). 해양 플라스틱 쓰레기는 잘게 부서지면서 오염물질과 첨가제라는 2개의 위험인자를 온 세계로 운반하고 있는 것이다. 이런 유해물질이 생물의 체내로 들어가면 먹이사슬에 의해, 더 상위의 생물일수록 고도로 농축되는 생물농축이 일어난다. 그 영향은 최종적으로 먹이사슬 최상위에 있는 인간이 받게 된다.

---

* 1968년에 일본 가네미가 제조한 식용유로 만든 음식을 먹은 사람들에게 피부병, 간질환, 신경장애 등이 나타난 사건. 이유는 식용유를 만드는 과정에서 가열 매체로 PCB를 사용했는데, 이 가열 파이프가 부식되어 PCB가 식용유 속으로 흘러들어간 것이었다. 1만 명 이상의 사람이 증상을 호소했고 닭 100만 마리가 중독되어 70만 마리가 떼죽음을 당했다. – 옮긴이

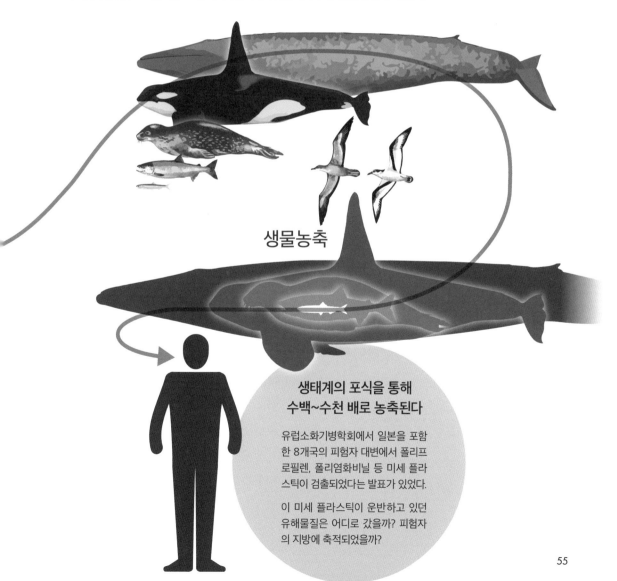

생물농축

**생태계의 포식을 통해
수백~수천 배로 농축된다**

유럽소화기병학회에서 일본을 포함한 8개국의 피험자 대변에서 폴리프로필렌, 폴리염화비닐 등 미세 플라스틱이 검출되었다는 발표가 있었다.

이 미세 플라스틱이 운반하고 있던 유해물질은 어디로 갔을까? 피험자의 지방에 축적되었을까?

플라스틱은 정말로 안전할까?
유럽과 미국에서 지적되는 유해 화학물질

환경 호르몬이 우려된다

인공적으로 만들어진 플라스틱에 막연하게 불안을 느끼는 사람이 적지 않을 것이다. 식품을 담은 용기나 아이가 갖고 노는 장난감에서 나쁜 물질이 녹아 나와 체내로 들어가지는 않을까 걱정하는 사람도 있다. 그에 대해 플라스틱 업계는 혹시 성분이 녹아 나오더라도 안전성에 만전을 기했으므로 문제없다고 답하고 있다.

그러나 그중에는 위험성이 지적되고 있는 성분도 있다. 그중 하나가 폴리카보네이트 polycarbonate나 에폭시 수지의 원료로 사용되는 비스페놀 A(BPA)이다. 동물 실험에서는 뇌나 전립선, 유선 등에 미치는 영향이 보고되고 있으며, 환경 호르몬도 의심되고 있다. 환경 호르몬이란 내분비 교란 물질을 말한다. 체내에서 정상적인 호르몬의 작용을 교란시키고 특히 태아나 어린이, 임산부에게 악영향을 미칠 가능성이 있다고 여겨지는 물질이다.

폴리카보네이트는 식품 용기나 우유병에, 에폭시 수지는 통조림 안쪽 코팅 등에 사용되므로 유럽과 미국에서는 'BPA를 사용하지 않았음'을 내건 상품도 등장하고 있다. 그러나 BPA 대체제로 사용하게 된 비스페놀 S 등도 최근 안전성이 의심되고 있다.

플라스틱에서 녹아 나오는 첨가제는 안전할까

자주 문제가 되는 또 하나의 화학물질은 폴리염화비닐(PVC)을 유연하게 하는 데 쓰이는 프탈산 에스테르다.

플라스틱 제품에는 색을 입히기 위한 착색제나 열화劣化를 막기 위한 안정제 등 다양한 첨가제가 들어간다. 이런 첨가제는 첨가되기만 할 뿐, 플라스틱 성분과 화학적으로 결합하지 않았으므로, 녹아 나오기도 한다.

PVC는 원래 딱딱한 소재이다. PVC를 부드럽게 하기 위해 사용되는 것이 프탈산 에스테르인데, 생식 독성(생식 기능의 이상, 태아에 미치는 유해한 영향 등)이나 발암성이 의심된다. 이에 유럽과 미국이나 일본에서는 어린이용품에 사용이 규제되고 있으며 EU는 2020년 7월 이후 일용품 전체로 대상을 확대하기로 결정했다.

그 밖에, 페트병 제조에 촉매로 사용되는 삼산화안티몬은 발암성이 의심되며, 다양한 플라스틱제 용기에서 검출이 보고된 노닐페놀(NP)에는 환경 호르몬 작용이 있다고 알려져 있다. 또한, 프라이팬이 눌어붙는 것을 막기 위한 가공에 사용되는 유기불소 화합물 가운데 PFOS는 2009년에, PFOA는 2019년 5월에 유해성이 인정되어 유엔에 의해 금지되었다.

BPA

비스페놀 A

폴리카보네이트나 에폭시 수지의 원료로 사용된다.

생체의 내분비 기능을 교란시키는 환경 호르몬,
특히 태아나 임산부에게 미치는 영향이 우려된다.

규슈대학의 최근 연구에서 BPA가 생체의
에스트로겐 분비 기능에 영향을 미친다는
것이 밝혀졌다. BPA가 극소량으로도 태아
의 뇌 형성에 악영향을 미친다는 사실도 보
고되었다.

플라스틱 제품에서
녹아 나오는 첨가제

첨가제에는
독성이 있는
것도 있다

프탈산 에스테르
PVC의 가소제
폴리염화비닐을 부드럽게
하는 첨가제로 사용된다.

태어나는 아기의 생식 기능에 미치는
영향, 발암성의 위험이 지적되고 있다.

**페트병에서도
유해물질이 녹아 나온다?**

삼산화안티몬
발암성

노닐페놀
환경 호르몬 작용

프라이팬의 유기불소 화합물
PFOS와 PFOA는 유해성이 입증되어
사용이 금지되었다.

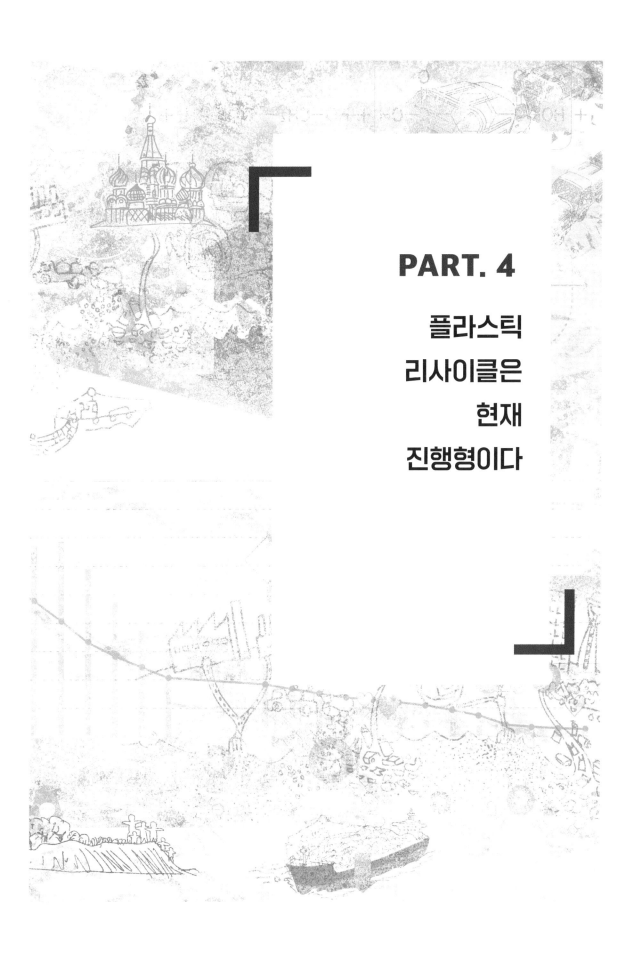

PART. 4

플라스틱 리사이클은 현재 진행형이다

플라스틱은 어떻게
리사이클되고 있을까?

3가지 리사이클 방법

넘쳐나는 플라스틱 쓰레기의 대응책으로, 세계적으로 리사이클이 추진되고 있다. 현재 크게 나누어 다음 3가지 방법이 실용화되고 있다.

① 물리적 리사이클

ISO(국제표준화기구) 규격에서는 '기계적(메커니컬) 리사이클'이라고도 한다. 플라스틱 쓰레기를 원료로 하여 물리적인 방법으로 새로운 플라스틱 제품을 만드는 방법이다. 플라스틱 쓰레기는 세척, 분쇄되어 플레이크나 펠릿(입자 상태의 재생 원료)이 되어 다양한 제품으로 다시 태어난다.

② 화학적 리사이클

ISO 규격에서는 '피드스톡feedstock 리사이클'이라고도 한다. 플라스틱 쓰레기를 화학적으로 분해하는 등의 방식을 통해 다양한 화학 원료로 재생한다. 화학 반응에 의해 원료나 모노머로 되돌려서 재활용하는 방법이나 제철소에서 사용하는 환원제인 코크스Cokes, 가스 등으로 재생하는 방법이 있다.

③ 열 리사이클

열(서멀thermal) 리사이클은 일본에서 만든 말이며, ISO 규격에서는 '에너지 리커버리'라고 한다. 쓰레기를 태워서 발전 등에 유효하게 이용하는 방법이다.

리사이클 우등생, 페트병

플라스틱에는 다양한 종류가 있으므로 효율적으로 리사이클하려면 종류별로 분리해야 한다. 그런 점에서 공장 등에서 배출되는 산업계 폐기물은 '종류가 확실하다', '꽤 많은 양이 모인다', '오염이나 불순물이 적다' 등의 이유에서 물리적 리사이클이 진행되어왔다.

한편, 일반 가정에서 나오는 플라스틱 쓰레기는 포장 용기를 중심으로 잡다한 것이 섞여 있고 오염된 것도 많으므로 리사이클하기 전에 '분리수거'라는 벽이 생긴다. 그런 가운데 리사이클 우등생이라고 할 수 있는 것은 페트병이다. PET(폴리에틸렌 테레프탈레이트)라는 단일한 소재로 되어 있어 분리수거가 쉬우므로 소비자의 리사이클 의식도 높다.

페트병은 예전에는 물리적 리사이클에 의해 플리스 같은 섬유나 시트 등으로 리사이클되었다. 음료용 병으로 재사용하기에는 위생이나 품질 면에서 문제가 있었기 때문이다. 그러나 요즘은 화학적 리사이클에 의해 PET를 모노머로 되돌리고, 품질을 유지한 채 음료용 페트병으로 재생하는 기술도 탄생하는 등, 세계의 다양한 기업이 좀 더 효율적인 리사이클 기술을 개발하기 위해 경쟁하고 있다.

사실은 약 130만 톤이나 **해외에 수출하고 있다** (자세한 것은 18쪽)

일본 국내에서
처리되는 것은
82만 톤

선별　　파쇄　　세척　　탈수·건조　　용융·성형

1 **211만 톤**

물리적 리사이클
플라스틱 쓰레기를
물리적으로 처리하여
다시 자원화하는 방법

일본에서 이루어지는
3가지 리사이클 방법

펠릿 등 플라스틱
제품 소재로

시·군·구 지자체

수거

산업 폐기물 처리업자

폐플라스틱 총량
903만 톤(2017년)

산업계 485만 톤

일반계(가정 등) **418만 톤**

참고 : 사단법인 플라스틱순환이용협회

플라스틱 제품
제조 공장

화학적 리사이클에는 이 밖에도
고로원료화(제철소에서 환원제로 사용),
코크스로cokes爐 화학 원료화,
가스화, 유화가 있다

2 **40만 톤**

화학적 리사이클
플라스틱 쓰레기를
화학 처리하여
다시 원료화한다

세척·파쇄　　여러 가지
화학 처리

다시 제품화
가능한 원료로

단순 소각 **76만 톤**　　매립 **52만 톤**

3 **524만 톤**

열 리사이클
플라스틱 쓰레기를
소각 등 열처리하여
그 에너지를 이용한다

소각　　소각열 재이용

온수 풀

발전 등

유럽 기준에서는 소각이 리사이클로 인정되지 않는다

일본의 플라스틱 쓰레기 유효 이용률은 86%
그러나 사실은 대부분 태워지고 있다!?

소각을 리사이클이라고 보는 일본

　현재 일본은 세계적으로 손꼽히는 리사이클 모범국으로 알려져 있다. 시민들의 철저한 쓰레기 분리수거나 뛰어난 쓰레기 회수 시스템은 다른 나라의 본보기가 되고 있기도 하다. 플라스틱 쓰레기의 유효 이용률도 2004년에는 57%였던 것이 해마다 상승하여 2017년에는 85.8%에까지 이르고 있다. 그러나 그 내용을 들여다보면 의문이 생긴다. 아래 그림에 보이듯이 열 리사이클이 물리적 리사이클 23.4%, 화학적 리사이클 4.4%를 크게 웃돌며 전체의 58%를 차지하고 있다.

　열 리사이클은 쓰레기를 태워서 연료로 재이용하는 것이다. 태워버리면 플라스틱이 처음에 만들어질 때 사용된 막대한 에너지나 자원이 물거품이 되어버린다. 앞에서도 말했듯이, 해외 여러 나라에서는 소

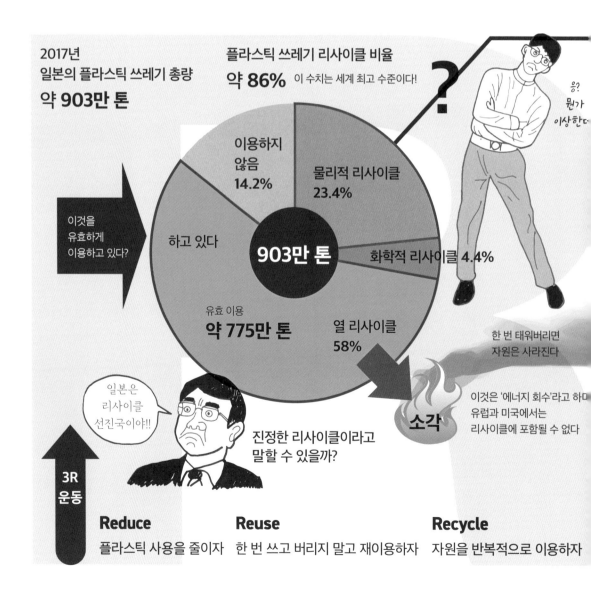

2017년
일본의 플라스틱 쓰레기 총량
약 903만 톤

플라스틱 쓰레기 리사이클 비율
약 86% 이 수치는 세계 최고 수준이다!

이용하지 않음 14.2%

물리적 리사이클 23.4%

903만 톤

화학적 리사이클 4.4%

이것을 유효하게 이용하고 있다?

하고 있다

유효 이용 약 775만 톤

열 리사이클 58%

응? 뭔가 이상한데

한 번 태워버리면 자원은 사라진다

소각

이것은 '에너지 회수'라고 하며 유럽과 미국에서는 리사이클에 포함될 수 없다

일본은 리사이클 선진국이야!!

진정한 리사이클이라고 말할 수 있을까?

3R 운동

Reduce
플라스틱 사용을 줄이자

Reuse
한 번 쓰고 버리지 말고 재이용하자

Recycle
자원을 반복적으로 이용하자

각 처분은 '에너지 회수(리커버리)'라고 불리며, ISO 규격의 '리사이클' 정의에도, 명백하게 '에너지 리커버리를 제외한다'고 쓰여 있다.

일본에는 소각로가 1,103시설이 있으며, 이 수는 세계 최다이다. 막대한 비용을 들여 세워진 소각로를 계속 운전하기 위해 태울 쓰레기를 계속 확보해야 한다는 모순도 생긴다.

또한 화학적 리사이클 4.4% 중에는 환원제나 코크스 등으로 재생하는 것도 포함되어 있다. 이 쓰레기들은 결국 태워버리는 것이므로 여러 번 순환시켜 사용한다는 원래 의미의 리사이클로 볼 수 없다. 이렇게 보면, 일본에서는 플라스틱 쓰레기 대부분을 태우고 있음을 알 수 있다.

또 한 가지 숨어 있는 숫자가 있다. 18쪽에서 보았듯이 일본은 중국 등에 대량의 플라스틱 쓰레기를 '수출'하고 있다. 2017년에는 211만 톤의 플라스틱 쓰레기가 물리적 리사이클이 되었는데, 그 가운데 약 61%는 해외로 수출되었다. 이러한 플라스틱 쓰레기는 리사이클용으로 수출된 것일 뿐이며, 실제로 모두 리사이클되었는지는 분명하지 않다.

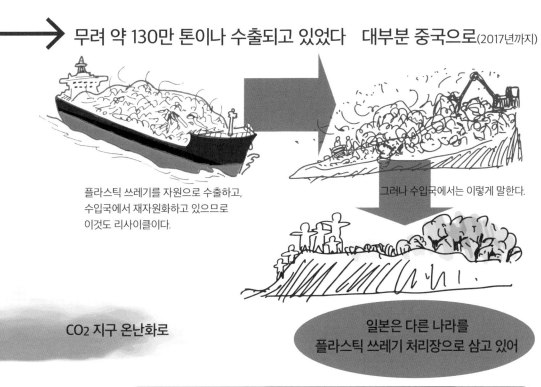

무려 약 130만 톤이나 수출되고 있었다 대부분 중국으로(2017년까지)

플라스틱 쓰레기를 자원으로 수출하고,
수입국에서 재자원화하고 있으므로
이것도 리사이클이다.

그러나 수입국에서는 이렇게 말한다.

CO_2 지구 온난화로

일본은 다른 나라를
플라스틱 쓰레기 처리장으로 삼고 있어

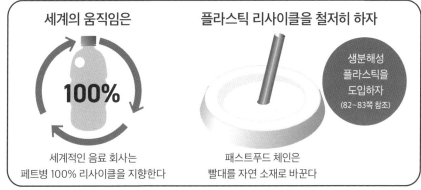

세계의 움직임은

플라스틱 리사이클을 철저히 하자

100%

생분해성
플라스틱을
도입하자
(82~83쪽 참조)

세계적인 음료 회사는
페트병 100% 리사이클을 지향한다

패스트푸드 체인은
빨대를 자연 소재로 바꾼다

세계 여러 나라는 쓰레기를 어떻게 처리하고 있을까?
리사이클 비율이 높은 나라는?

유럽은 리사이클 우등생

세계의 여러 나라는 쓰레기를 어떻게 처리하고 있을까. 오른쪽 위의 그래프는 세계 주요국의 폐기물 처리법을 리사이클, 소각에 의한 에너지 회수, 단순 소각, 매립으로 분류하여 그 내역을 나타낸 것이다. 맨 밑의 일본과 비교해보면 각국 정책의 차이가 보인다.

유럽 여러 나라는 리사이클 비율이 대단히 높다. 특히 독일과 스웨덴은 환경 선진국으로 알려져 있으며, 일찍부터 리사이클에 공을 들였다(자세한 것은 66~67쪽). 한편, 아시아에서 리사이클 비율이 높은 나라는 한국이다. 한국은 일본처럼 국토가 좁아서 매립지를 확보하기 어려우므로 쓰레기 분리수거와 리사이클을 추진하고 있으며, 그 성과가 수치로도 나타난다.

소각이냐 매립이냐, 선택에는 이유가 있다

리사이클할 수 없는 쓰레기 처리법은 크게 소각과 매립으로 나눌 수 있다. 소각은 단연 일본이 최고이다. 아래 그래프에 나타낸 플라스틱 쓰레기 처리법 내역을 보아도 유럽 여러 나라에 비해 소각이 많다.

앞에서 보았듯이 일본은 소각에 의한 에너지 회수를 리사이클의 일종으로 취급하고 있다. 그러나 인구가 많고 쓰레기 배출량이 많은 일본에서는 태워서 처리하는 것이 제일이며, 발전은 그다음이다. 쓰레기 발전에 의한 에너지가 공급되는 것은 주로 공공시설에 한정되어 있다.

일본 다음으로 소각률이 높은 스웨덴에서는 쓰레기 발전에 의해, 지역 주민의 난방 등에 필요한 에너지를 공급하고 있다. 자국 쓰레기만으로는 부족하여 발전용 쓰레기를 주변국에서 수입하고 있을 정도이다. 여기에는 에너지 순환을 총체적으로 생각한다는 발상이 자리 잡고 있다.

한편, 매립은 일반적으로 개발도상국에서 많이 이루어지지만, 선진국 중에도 적지 않다. 쓰레기 대국인 미국은 약 50%, 캐나다는 무려 약 70%나 되는 쓰레기를 매립하고 있다. 그래프에는 나와 있지 않지만, 세계 최대의 면적을 가진 러시아도 매립 중심이다. 국토가 넓은 나라는 대체로 매립이 많다는 것을 알 수 있다.

국토가 좁은 유럽 여러 나라에서는 재생할 수 있는 쓰레기 매립을 규제하고 있는 나라일수록 매립률이 낮은 경향이 있다. 이런 규제가 없는 이탈리아, 영국, 프랑스, 스페인은 전반적인 폐기물이든 플라스틱 쓰레기든 매립률이 약간 높지만, 해가 갈수록 감소하고 있다.

세계 주요국의 전체 폐기물 처리와 리사이클 상황

참고 : OECD (2013년)

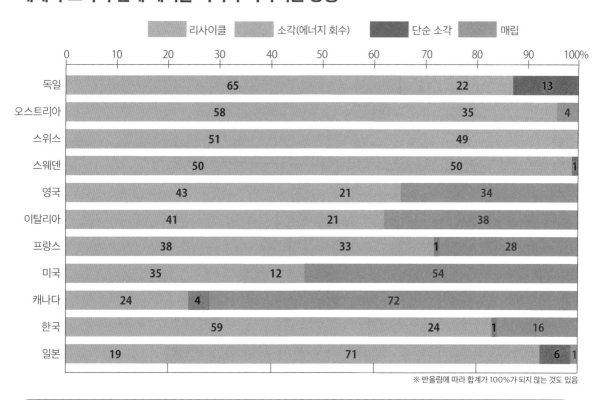

세계의 쓰레기 처리 경향

1. 땅이 좁은 나라는 탈매립

유럽 각국에서 매립은 ① 땅을 확보하기 어렵다 ② 소각과 마찬가지로, 유해 화학물질의 발생원이 된다 등의 이유로 감소 추세

2. 땅이 넓은 나라는 매립 중심

미국, 캐나다, 러시아, 중국은 매립이 50% 이상을 차지

3. 소각 2대국의 정반대 정책

일본 쓰레기 소각의 명분으로 에너지 회수를 리사이클로 취급

스웨덴 1904년부터 쓰레기 발전으로 지역난방 등을 공급하여 쓰레기를 유효하게 이용

유럽 각국과 일본의 플라스틱 리사이클 비율

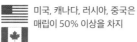

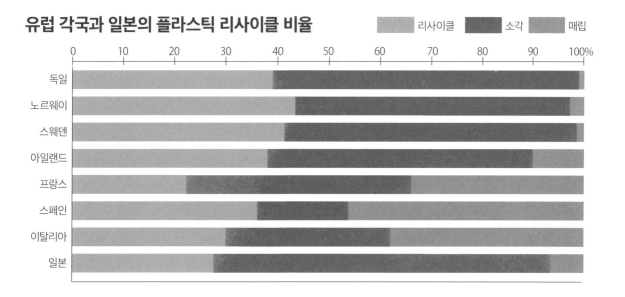

리사이클에서 탈플라스틱까지,
유럽 여러 나라의 쓰레기 전략이 궁금하다!

회수율을 높이는 보증금 제도

리사이클 선진국인 독일에서는 '쓰레기는 자원'이라는 생각에서 철저한 리사이클 정책이 취해지고 있다. 재이용·재생할 수 있는 것은 리사이클하고 폐기물(진정한 의미에서의 쓰레기)을 발생시키지 않는다는 것이 기본 이념이다.

이미 1980년대부터 반복 사용할 수 있는 용기에는 보증금제가 채용되고 있다. 보증금제란 소비자가 상품을 사는 가격에 보증금(예치금)이 포함되어 빈병을 슈퍼 등에 가져가면 환불해주는 시스템이다. 예를 들어 페트병 보증금은 약 340원으로 결코 적은 액수가 아니므로 회수율을 높이고 있다.

역시 리사이클 선진국으로 알려진 스웨덴에서도 보증금제가 도입되어 페트병의 약 80%가 회수되고

EU의 플라스틱 전략
2021년까지 일회용 플라스틱 금지!

금지되는 플라스틱 제품

접시
빨대
머들러
컵
풍선용 막대
면봉 대롱
식사용 나이프와 포크

발포 폴리스티렌 식품·음료 용기
산화형 분해성 모든 플라스틱 제품
* 생분해성이 약하다

● 달성 목표
플라스틱 병 분리회수율 - 2029년까지는 90%로
페트병 재생 재료 함유율 - 2025년 이후 25%로
모든 플라스틱 병 재생 재료 함유율 - 2025년 이후 30%로

EU 이사회는 일회용 플라스틱 금지법을 2019년 5월에 최종 채택
각 가입국은 2년 안에 국내법화
참고 : EU 보도자료

프랑스
국가 차원에서 세계 최초로
일회용 플라스틱 금지 결정

프랑스의
리사이클
스테이션

플라스틱 컵, 접시는
2020년부터 금지
빨대, 식사용 나이프와 포크,
발포 용기 등은 2021년부터

모든 일회용 식기의
바이오 유래 소재 함유량
50% 이상으로

재생되지 않는 포장재를
사용한 상품에는 벌금 부과

플라스틱 포장 없는 슈퍼도 등장

베를린에 문을 연 〈오리기날 운페어파크트Original Unverpackt〉.
식품의 낱개 포장을 없앰. 손님들은 각자 가져온 그릇에 담고
무게를 달아서 구매.

채소류도 무게로 달아서 계산.
독일인 80%가 과일·채소의 플라스틱
포장은 낭비라고 생각하고 있다.

스웨덴 폐기물의 99%를 리사이클

거리의 리사이클
스테이션에 대강
분리해서 버림

폐기물의 50%
소각

페트병 등은 독일처럼
보증금제 도입

**전국 30군데
소각센터에서
처리**

스웨덴 전체 난방용 에너지의
20%를 이것으로 충당

있다(스웨덴의 페트병 보증금은 약 260원이다. - 옮긴이). 포장 용기 리사이클 비용도 상품 가격에 포함되어 있다. 스웨덴에서 매립되는 쓰레기는 불과 1%. 나머지 99% 중에 리사이클할 수 있는 것은 리사이클하고, 음식물 쓰레기는 비료나 바이오 가스 원료로, 나머지 50%는 소각하여 지역난방 등에 활용하고 있다. 계획성 있게 쓰레기를 철저히 유효하게 이용한다는 것이 스웨덴 스타일이라고 할 수 있을 것이다.

EU는 일회용 플라스틱 금지

유럽 28개국이 통합된 EU는 해양 쓰레기 문제에 대해 담대한 플라스틱 전략을 세우고 있다. 리사이클 추진은 물론이고 일회용 플라스틱 제품을 2021년까지는 금지하는 법안을 가결했다. 가입국에는 이에 대응하는 국내법의 정비가 의무화되어 있다. 이미 프랑스는 세계 최초로 일회용 플라스틱 제품 사용 금지령을 공포했고, 2020년 1월부터 단계적으로 시행되고 있다. 리사이클에서 일회용 금지로 이행하는 EU의 태도는 세계의 지침이 되고 있다.

DSD사가 리사이클 사업 담당
1990년에 음료·용기·소재 사업자들이 설립한 DSD사가 고도의 기술과 합리적인 비용의 리사이클 시스템 확립

독일
폐기물을 발생시키지 않는다!!
독일인 특유의 엄격함이 낳은
리사이클 비율 65%

1. 어릴 때부터 철저한 쓰레기 분리 교육

보증금 금액을 물건 값에서 빼준다

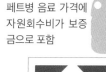

페트병 음료 가격에 자원회수비가 보증금으로 포함

2. 재활용 용기 우선 정책

페트병은 약 340원, 맥주병은 약 110원이 영수증을 계산대에 가져간다.

3. 페트병 회수는 보증금제 정착

회수 가능한 보증금 병에 붙어 있는 마크

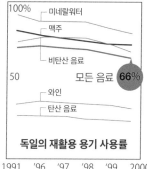

100%
미네랄워터
맥주
50
비탄산 음료
모든 음료 **66%**
와인
탄산 음료

독일의 재활용 용기 사용률

1991   '96   '97   '98   '99   2000

슈퍼에 있는 회수기에 넣으면 영수증이 발행된다.

지역 맥주도 유리병

독일은 지역 소비의 나라
지역의 독립성이 높은 독일에서는 식품의 지역 소비가 정착. 지역 맥주 등은 원거리 수송이 필요 없으며, 유리병이 많이 사용된다.

경제 최우선인 쓰레기 대국 미국,
그리고 교착 상태에 빠진 리사이클 사업

리사이클은 수지가 안 맞는다!?

세계 유수의 쓰레기 배출국 미국에서도 리사이클이 추진되고 있지만, 쓰레기 정책은 주나 도시에 따라 크게 다르다.

리사이클이 가장 진척되어 있는 곳은 캘리포니아주다. 쓰레기 회수 용기는 색깔별로 리사이클(자원물), 콤포스트(compost, 퇴비로 만들 수 있는 음식물 쓰레기 등), 매립(기타 쓰레기)의 3종을 구분하고 회수 비용은 주민이 부담한다. 플라스틱류는 병이나 캔과 함께 자원물로 회수되며, 분리수거는 처리 시설에서 한다. 캘리포니아주는 비용이 드는 소각로가 아주 적어서 소각에 의존하지 않고 리사이클과 퇴비화로 매립 쓰레기를 철저하게 줄인다는 전략이다. 이처럼 알기 쉽고 간단한 방식이 효과를 발휘하여 리사이클 비율 50% 이상을 달성하고 있다.

캘리포니아주처럼 리사이클에 공을 들이는 주나 도시가 서서히 늘고 있지만, 미국 전체의 리사이클 비율은 유럽에 비해 낮으며 플라스틱으로 한정하면 오른쪽 위의 원그래프에 보이듯이 약 9%에 불과하다.

게다가 중국이 플라스틱 쓰레기 수입을 금지하면서 미국은 국내에서 리사이클해야 하는 상황이 되어 그 비용이 크게 올랐다. 리사이클을 담당하는 민간 대기업이 그 비용을 지자체에 요구하자, 리사이클을 포기하는 지자체도 생기고 있다.

이처럼 현재 미국에서 리사이클 사업은 교착 상태에 빠져 있는데, 한편으로 유럽처럼 일회용 플라스틱을 금지하자는 목소리도 높아지고 있다. 이미 캘리포니아주, 워싱턴 DC, 하와이주 등에서는 비닐봉지가 규제되고 있다. 또한 플라스틱 빨대도 미국 국내에서만 하루에 5억 개나 사용되는데, 2018년에 미국의 주요 도시 가운데 최초로 시애틀 시가 금지를 표명했고 캘리포니아주도 2019년에 금지했다.

캘리포니아주 미국에서 유일하게 플라스틱 리사이클 비율 50%를 의무화하고 있지만…

파랑 리사이클	녹색 콤포스트	검정 매립
플라스틱, 유리, 캔, 종이	음식물 쓰레기, 종이 용기, 가정의 식물 쓰레기 등	기타 전부

이렇게 뒤섞인 리사이클 쓰레기가 거대한 처리 센터로 간다

리사이클 대기업이 운영하는 싱글 스트림 분류 방식

분류되지 않은 플라스틱 쓰레기가 밀려온다

사람 손으로 분류 작업

이 처리 시스템의 운영비 급등이 지자체에 새로운 부담이 되었다

세계의 플라스틱 리사이클 상황

미국의 플라스틱 쓰레기 처리 방법 (2015년)

매립
75.4%

3,450만 톤

리사이클
9.1%

열 회수
15.5%

처리는 민간 기업에게 위탁된다
예를 들면

웨이스트 매니지먼트 사 등
민간 리사이클 기업

기업에
위탁료
지불

처리
비용
인상
요구

이제 리사이클은
재정적으로 무리다
지자체

모호한 분류 기준이 일반적
분류는 3종류뿐. 종이류, 유리·금속, 기타. 이 '기타' 안에 대량의 음식물 쓰레기와 오염된 플라스틱도 포함된다

미국
교착 상태에 빠진
리사이클 사업

2017년에는 133만 톤 수출

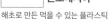

이중의 손해

반송된다

갈 곳을 잃은 플라스틱 쓰레기가
항구에 쌓인다

리사이클 소재인
플라스틱 쓰레기
가격도 저하

석유 가격의 저하

NO!!
중국의
플라스틱 쓰레기
수입 거부

중국 상하이에서 실시된 엄격한 쓰레기 분류

분류 매뉴얼이 너무 복잡해서 사람들이 난감해 한다. 버린 쓰레기봉지에 QR 코드가 붙어 있어 누가 버렸는지 알 수 있는 지역도 있다.

러시아

푸틴 대통령도 '깨끗한 나라' 선언. 그러나 쓰레기 처리는 진척이 없다.

연간 쓰레기 배출량은 7,000만 톤. 그중 90%가 매립되고 있는데, 처리장은 포화 상태. 2019부터 리사이클 분류 규범이 만들어졌지만 주민의 협력이 문제다.

인도네시아

해초로 만든 먹을 수 있는 플라스틱

에보웨어Evoware라는 신생 기업이 개발했다. 해초로 만든 온수에 녹는 플라스틱 대체품이 주목받고 있다.

인도

폐플라스틱으로 고속도로 건설

인도는 폐플라스틱을 도로 포장재로 이용하는 독자적인 기술을 개발하여 수천 km의 플라스틱 혼합 아스팔트 도로를 건설하고 있다.

리사이클과 신소재 개발을 중심으로, 마침내 기업이 움직이기 시작했다

글로벌 기업이 리사이클 추진

　환경보호단체 그린피스는 세계 6대륙에서 대청소 작업을 벌여 18만 7,000개 이상의 쓰레기를 회수했다. 그중에서 일회용 플라스틱 쓰레기를 브랜드별로 분류하여 많은 순서대로 정리한 것이 오른쪽 페이지의 목록이다. 코카콜라, 펩시코, 네슬레 등 우리에게 친숙한 글로벌 기업의 이름이 눈에 띈다.

　그전에도 플라스틱 쓰레기 대책에는 소비자나 지자체뿐만 아니라 플라스틱 제품을 제조, 제공하는 기업의 협조가 필요하다는 지적이 많았다. 해양 쓰레기 문제가 세계적인 관심사가 된 지금, 마침내 기업도 대책을 강구하기 시작했다. 코카콜라는 2030년까지 제품에 사용하는 모든 병의 회수와 리사이클을 추진하는 목표를 설정했고, 펩시코는 2025년까지 용기의 100% 리사이클을 지향하고 있다. 심지어 두 회사는 미국플라스틱산업협회에서 탈퇴하겠다는 뜻을 표명하기도 했다.

화학적 리사이클과 바이오 소재

　합성섬유를 다루는 기업도 마찬가지이다. 미국의 의류회사 파타고니아는 1993년에 세계 최초로 페트병을 재생한 플리스를 사용했다. 일본에서도 도요보, 유니티카 등의 섬유회사가 페트병 회수와 재생에 동참하고 있다. 도레이 사는 자사가 개발한 나일론을 해중합(36쪽 참조)에 의해 다시 제품화하는 화학적 리사이클 기술을 일찍부터 확립하여 이미 제복이나 어망의 회수·리사이클에서 성과를 올리고 있다.

　리사이클과 병행하여 바이오 플라스틱으로 전환도 진행되고 있다. 플라스틱 빨대가 콧구멍에 꽂힌 바다거북 영상이 사람들에게 충격을 준 후 생분해성 빨대가 주목받고 있다. 일본에서도 대기업이 운영하는 편의점인 세븐 일레븐이 일부 지점에서 시험적으로 도입하고 있다.

　바이오 소재를 개발하고 있는 유럽에서는 덴마크의 장난감회사 레고가 아이들이 안심하고 놀 수 있도록, 블록 장난감 소재를 ABS 수지에서 바이오 유래 소재로 점차 교체하고 있다. 또한 독일의 거대 화학기업 바스프BASF가 개발한 생분해성 플라스틱인 에코비오ecovio는 쓰레기봉지나 농업용 필름, 발포 스티로폼의 대체품으로 기대를 모으고 있다. 바이오 플라스틱에 대해서는 82~83쪽에서 자세히 알아보자.

플라스틱을 먹는 효소에 세계가 주목

페트병

자연계에서 분해
수백 년 걸림 100년……

페타제PETase 등장
며칠 만에 유기분해

이제 플라스틱 쓰레기 처리에 희망이!?

이데오넬라
사카이엔시스
Ideonella sakaiensis
→ 오사카의
리사이클 시설에서
발견된 박테리아

↓

일본 연구팀이
분해 능력을 대폭 끌어올림 → 이 박테리아의
효소가
PETase

계면활성 작용
100배 이상의
분해 능력을
발휘했다

세계적인 기업은
이렇게 움직이기 시작했다

코카콜라   2030년까지 용기를 100% 회수

펩시코   2025년까지 용기를 100% 리사이클화

몬덜리즈   2025년까지 모든 포장을 리사이클 가능한
소재로 변경

네슬레   2025년까지 모든 용기의 재자원화 · 재이
용화를 실현

레고   2030년까지 제품 소재를 ABS 수지에서
바이오 플라스틱 소재로 변경

생분해성을 가진 플라스틱
신소재 개발도 진행

독일 바스프 사

완전 생분해성 발포 플라스틱 '에코비오'

폴리젖산 + 공폴리에스테르copolyester가
발포 스티로폼 대체품으로

유럽보다 먼저 생분해성 플라스틱으로 이행

일본의 가네카도 건투하고 있다

가네카+세븐&아이 홀딩스가 빨대를 생분해 소재로

유럽에서는 '가네카 생분해성 폴리머 PHBH'가
포장 재료로 인정받음

해안 등에서 발견된
플라스틱 쓰레기 브랜드 순위

상위 3개 사가 전 세계 플라스틱 쓰레기의
14% 차지 (그린피스 조사)

1 코카콜라(미국)

2 펩시코(미국)

3 네슬레(스위스)

4 다농(프랑스)

5 몬덜리즈(미국)

6 프록터 앤드 갬블(미국)

7 유니레버(영국 · 네덜란드)

8 페르페티 반 멜레(네덜란드 · 이탈리아)

9 마즈 Mars(미국)

10 콜게이트 파몰리브(미국)

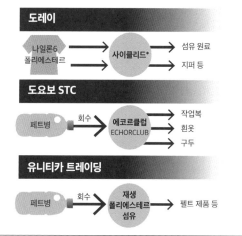

일본의 섬유회사는 자사 제품의 리사이클을 진행하고 있다
1970년대부터 완전순환형 화학적 리사이클을 추진

도레이

나일론6
폴리에스테르 → 사이클리드* → 섬유 원료 / 지퍼 등

도요보 STC

페트병 —회수→ 에코르클럽
ECHORCLUB → 작업복 / 흰옷 / 구두

유니티카 트레이딩

페트병 —회수→ 재생
폴리에스테르
섬유 → 펠트 제품 등

국제환경 NGO 세계자연보호기금(WWF)은
이렇게 제안한다

세계 100대 기업과 정부 조직이 손을 잡으면
1,000만 톤의 플라스틱 쓰레기를
줄일 수 있다

---

* 사용 후 회수, 리사이클을 전제로 한 섬유 제품 - 옮긴이

일본의 포장 용기 리사이클법은
플라스틱 쓰레기를 억제하기 힘들다!?

기업보다 지자체의 부담이 크다

일본에서는 1995년에 포장 용기 리사이클법이 제정되어 1997년에 페트병, 캔, 병, 2000년에 플라스틱, 종이 등 포장 용기 쓰레기 리사이클이 기업의 의무가 되었다.

대략의 흐름은 다음과 같다. ① 포장 용기를 제조, 이용, 판매하는 기업은 리사이클을 담당하는 협회에 위탁료를 지불한다. ② 소비자는 쓰레기를 분리해서 내놓는다. ③ 지자체는 그 쓰레기를 수집, 선별하여 리사이클업자에게 넘긴다. ④ 리사이클업자에게는 협회가 리사이클 비용을 지불한다.

그러나 재생 효율이 좋은 페트병을 제외하면, 다종다양한 플라스틱 포장 용기는 사실상 대부분 태워지고 있다. 그 이유 중 하나는 내용물이 남아 있는 병은 리사이클 업자가 수거하지 않기 때문이고, 다

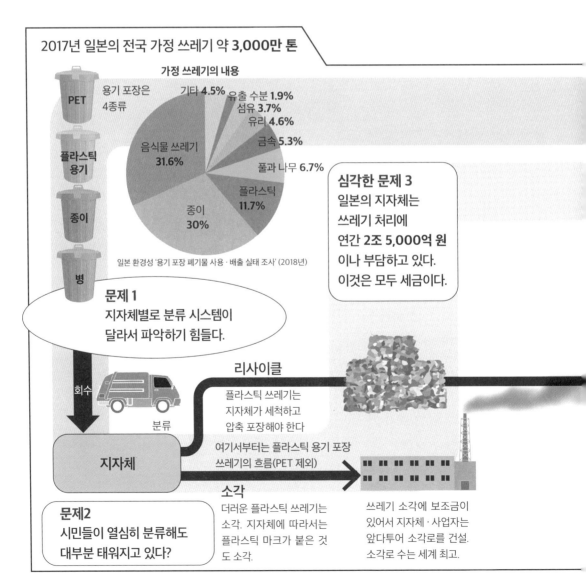

2017년 일본의 전국 가정 쓰레기 약 3,000만 톤

가정 쓰레기의 내용

PET

용기 포장은
4종류

플라스틱
용기

종이

병

- 기타 **4.5%**
- 유출 수분 **1.9%**
- 섬유 **3.7%**
- 유리 **4.6%**
- 금속 **5.3%**
- 풀과 나무 **6.7%**
- 플라스틱 **11.7%**
- 종이 **30%**
- 음식물 쓰레기 **31.6%**

일본 환경성 '용기 포장 폐기물 사용·배출 실태 조사' (2018년)

심각한 문제 3
일본의 지자체는
쓰레기 처리에
연간 **2조 5,000억 원**
이나 부담하고 있다.
이것은 모두 세금이다.

문제 1
지자체별로 분류 시스템이
달라서 파악하기 힘들다.

회수

분류

지자체

리사이클

플라스틱 쓰레기는
지자체가 세척하고
압축 포장해야 한다

여기서부터는 플라스틱 용기 포장
쓰레기의 흐름(PET 제외)

소각
더러운 플라스틱 쓰레기는
소각. 지자체에 따라서는
플라스틱 마크가 붙은 것
도 소각.

문제2
시민들이 열심히 분류해도
대부분 태워지고 있다?

쓰레기 소각에 보조금이
있어서 지자체·사업자는
앞다투어 소각로를 건설.
소각로 수는 세계 최고.

른 하나는 법률이 개정되어 열 리사이클, 즉 소각이 인정되기 때문이다.

사실, 도쿄 23구 가운데 6구는 플라스틱 마크가 붙은 포장 용기도 '태우는 쓰레기'로 지정하고 있다. 대개 소규모 지자체일수록 리사이클을 열심히 하는 경향이 보이며, 지자체에 따라 쓰레기 정책이 다르다. 심지어 '포장 용기'의 정의를 잘 알 수 없다는 점도 소비자의 혼란을 부추긴다.

가장 큰 문제는 지자체를 짓누르는 부담이다. 쓰레기를 업자에게 넘겨주기 위해서는 불순물을 제거하고, 운반하기 쉽도록 압축하고, 일정량을 보관해두어야 한다. 그렇게 하기 위한 비용이 전국 합계로 연간 추정 약 2,500억 엔(약 2조 5,000억 원), 그에 비해 기업의 부담금(위탁금)은 약 380억 엔(약 3,800억 원)이다. 애초에 기업은 제품 전체가 아니라 리사이클된 양에 대해서만 지불 의무가 있다. 부담금을 내지 않는 '무임승차 기업'도 꽤 많은 것으로 지적되고 있다. 심지어 기업은 부담금을 냄으로써 플라스틱 용기 감축을 위해 노력하지 않고 소비자도 리사이클에 의존하여 쓰레기를 계속 배출하는 악순환마저 초래하고 있는 것이다.

용기 포장재 리사이클법과 플라스틱 쓰레기 리사이클의 문제점

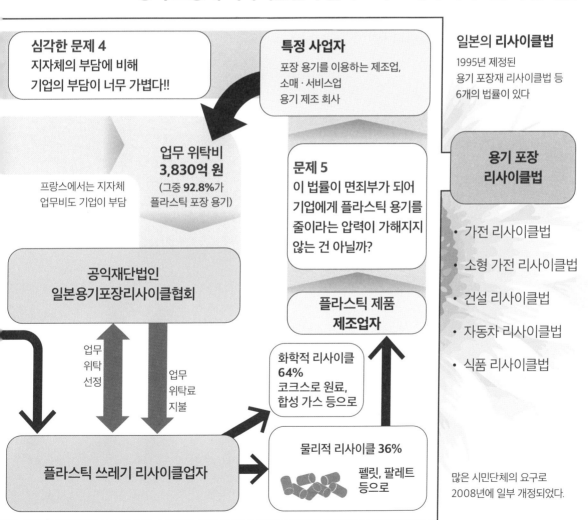

플라스틱 순환에 대한 책임 의식을 갖는다
리사이클에 대한 생각의 대전환

리사이클을 가로막는 소재의 특성

전 세계의 플라스틱 리사이클 비율은 9%에 불과하다. 리사이클이 잘 되지 않는 이유 가운데 하나는 비용이 들고, 수지가 맞지 않기 때문이다. 또한 재생 플라스틱은 아무래도 품질이 떨어진다.

또 하나의 커다란 이유는 플라스틱이라는 소재의 복잡성에 있다. 무엇보다, 종류가 너무 많다. 리사이클을 하려면 폴리에틸렌, PET 등 종류별로 분리수거해야 하는데, 분리수거가 대부분 수작업으로 이루어지고 있다. 두 번째 문제는 플라스틱 제품 중에는 여러 가지 소재를 조합한 제품이 있다는 것이다. 특히 일본은 유럽과 미국에 비해 고성능을 중시하여 복합소재를 많이 쓴다. 예를 들어 식품 포장용 필름은 공기 차단성이 있는 나일론, 방습성이 있는 폴리에틸렌 등, 안에 넣는 식품에 따라 다른 특성을 가진 소재가 여러 층으로 겹쳐져 있다. 이런 복잡한 소재는 당연히 리사이클하기 힘들다. 플라스틱에 사용되는 첨가제 역시 리사이클을 곤란하게 한다.

이처럼 리사이클하기 힘든 제품을 기업이 생산, 사용하고 있는 한, 한정된 석유 자원으로 만들어지는 플라스틱을 효과적으로 사용하는 일은 불가능하다.

요람에서 요람으로

리사이클 선진국인 독일에서는 포장 용기 쓰레기에 대한 책임은, 포장 용기를 사용한 제품을 생산하는 기업에게 있다면서 리사이클까지 생각한 제품 개발을 요구하고 있다. 기업은 '요람에서 무덤까지'가 아니라 '요람에서 요람으로' 순환하는 경제를 지향하고, 제품의 일생에 걸쳐 책임을 진다고 생각하는 것이다.

오른쪽 그림은 바람직한 플라스틱 리사이클 방식이다. 우선, 플라스틱 제품 및 플라스틱 포장 용기를 사용하는 제품을 생산, 판매하는 기업은 리사이클하기 쉬운 제품을 기획, 설계한다. 제품이 폐기된 다음에는 회수하여 재생하고, 다시 시장으로 내보낸다. 소비자는 한 번 쓰고 버리는 생활방식을 바꾸고, 플라스틱 쓰레기는 리사이클하기 쉽도록 더러움을 제거하여 분리배출한다. 행정은 지자체가 회수한 플라스틱 쓰레기를 소각하지 않고 효과적으로 이용할 수 있도록 길을 열어주고 절대 해외로 쓰레기를 수출하지 못하게 막는다.

이런 일관된 리사이클 네트워크를 토대로 생산자와 소비자, 그리고 행정이 각자의 역할을 다해야 한다.

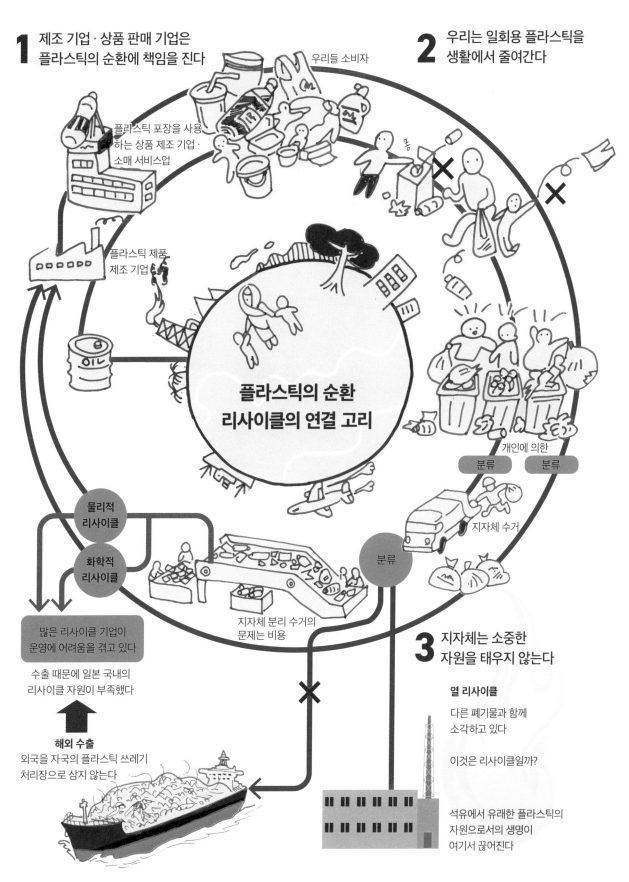

1 제조 기업·상품 판매 기업은 플라스틱의 순환에 책임을 진다

우리들 소비자

플라스틱 포장을 사용하는 상품 제조 기업·소매 서비스업

플라스틱 제품 제조 기업

오일

2 우리는 일회용 플라스틱을 생활에서 줄여간다

플라스틱의 순환 리사이클의 연결 고리

개인에 의한

분류　분류

지자체 수거

물리적 리사이클

화학적 리사이클

분류

많은 리사이클 기업이 운영에 어려움을 겪고 있다

지자체 분리 수거의 문제는 비용

3 지자체는 소중한 자원을 태우지 않는다

열 리사이클

다른 폐기물과 함께 소각하고 있다

이것은 리사이클일까?

수출 때문에 일본 국내의 리사이클 자원이 부족했다

해외 수출
외국을 자국의 플라스틱 쓰레기 처리장으로 삼지 않는다

석유에서 유래한 플라스틱의 자원으로서의 생명이 여기서 끊어진다

2030년까지 반드시 해야 할 일이 있다!
유엔의 지속가능 발전목표

세계 공통 과제가 된 플라스틱 문제

유엔에 가입한 세계 193개국은 2015년에 '지속가능 발전을 위한 2030 어젠다(행동계획)'를 채택했다. 각국은 아래에 제시한 17가지 '지속가능 발전목표SDGs'와 169가지 구체적인 실천 지침을 내걸고 2030년까지 달성을 지향하고 있다.

'지속가능 발전'이란 현재 세대의 요구를 만족시키는 것뿐만 아니라, 미래 세대의 요구도 만족시키는 발전을 가리킨다. SDGs는 지구상의 다양한 문제에 세계의 여러 나라가 연대하여 노력하고 건전한 발전을 지향하기 위한 지침으로 설계되었다.

SUSTAINABLE DEVELOPMENT GOALS

유엔이 2030년까지 지향하는 지속가능 발전목표SDGs

1 **모든 곳에서 모든 형태의 빈곤 종식**

2 **기아 종식, 식량 안보와 개선된 영양 상태의 달성, 지속가능한 농업 강화**

3 **모든 연령층을 위한 건강한 삶 보장과 복지 증진**

4 **모두를 위한 포용적이고 공평한 양질의 교육 보장 및 평생학습 기회 증진**

7 **적정한 가격에 신뢰할 수 있고 지속가능한 현대적인 에너지에 대한 접근 보장**

5 **성평등 달성과 모든 여성 및 여아의 권익 신장**

8 **포용적이고 지속가능한 경제 성장, 완전하고 생산적인 고용과 모두를 위한 양질의 일자리 증진**

6 **모두를 위한 물과 위생의 이용 가능성과 지속가능한 관리 보장**

9 **회복력 있는 사회기반시설 구축, 포용적이고 지속가능한 산업화 증진과 혁신 도모**

해양 플라스틱 문제도 조속히 노력해야 할 과제로서 목표14의 실천 지침의 하나로 올라와 있다. '2025년까지 해양 쓰레기나 부영양화를 포함한, 모든 종류의 해양 오염을 방지하고, 대폭 줄인다'는 내용이 그것이다. 목표12에는 '2030년까지 폐기물 발생을 방지, 감축, 리사이클, 재이용에 의해 대폭 감축한다'라는 실천 지침도 내걸려 있다. 이러한 노력의 결과 2017년에 열린 첫 번째 유엔해양회의에서 해양 플라스틱 쓰레기를 줄이기 위한 행동의 호소가 만장일치로 채택되었다.

2018년에 캐나다에서 열린 G7 정상회담에서는 캐나다, 프랑스, 독일, 이탈리아, 영국, EU가 '해양 플라스틱 헌장'에 서명했다. 이것은 '2030년까지 모든 플라스틱을 재이용·리사이클 내지 어떤 형태로든 이용 가능해지도록 산업계와 협력한다' 등의 목표를 내건, 사실상의 플라스틱 규제 선언이다.

유엔의 주도 아래 세계는 이제 발걸음을 맞추어 리사이클에 그치지 않고 플라스틱 쓰레기 자체를 감축하기 위한 노력을 시작하고 있다.

14 지속가능 발전을 위한 대양, 바다, 해양자원의 보전과 지속가능한 이용

15 육상생태계의 지속가능한 보호·복원·증진, 숲의 지속가능한 관리, 사막화 방지, 토지 황폐화의 중지와 회복, 생물다양성 손실 중단

2030년을 향해 세계가 합의한 '지속가능 발전목표'이다.

10 국내 및 국가 간 불평등 감소

11 포용적이고 안전하며 회복력 있고 지속가능한 도시와 주거지 조성

12 지속가능한 소비와 생산 양식의 보장

13 기후변화와 그로 인한 영향에 맞서기 위한 긴급 대응

16 지속가능 발전을 위한 평화롭고 포용적인 사회 증진, 모두에게 정의를 보장, 모든 수준에서 효과적이며 책임감 있고 포용적인 제도 구축

17 이행수단 강화와 지속가능 발전을 위한 글로벌 파트너십의 활성화

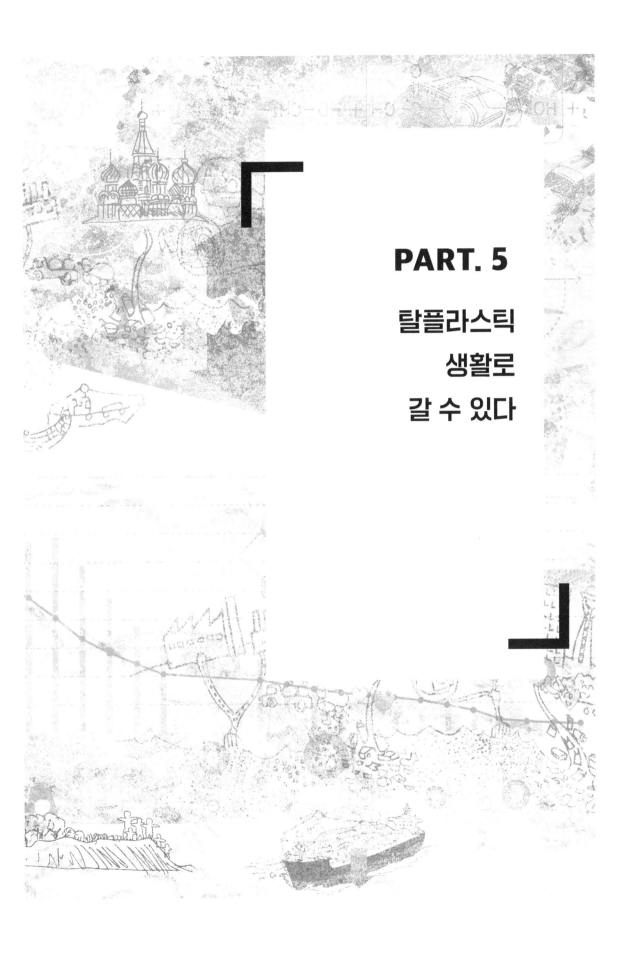

PART. 5

탈플라스틱
생활로
갈 수 있다

리사이클 이전에 '줄인다', '사용하지 않는다'
3R에서 4R로 전환

리사이클은 쓰레기 처리의 최종 수단

1990년대부터 시작된 리사이클 대책은 일정한 성과는 올렸지만 플라스틱 쓰레기 문제를 근본적으로 해결하지는 못한다. 유엔이 제시한 SDGs에서도 폐기물의 발생 방지와 감축에 중점을 두고 있듯이, 지금 당장 플라스틱 쓰레기 배출을 최대한 억제해야 한다.

플라스틱뿐만 아니라 쓰레기 문제의 대책으로 예전에는 Reduce(리듀스), Reuse(리유즈), Recycle(리사이클)의 머리글자를 따서 '3R 운동'이 추진되었다. 지금은 여기에 Refuse(리퓨즈)를 더한 '4R 운동'이 추진되고 있는 것이 세계적인 추세이다. 이 4R에는 다음과 같은 우선순위가 있다.

① **리퓨즈(거부한다, 사용하지 않는다)** 쓰레기 발생원이 되는 물건을 사거나 주고받지 않는다.
② **리듀스(줄인다)** 쓰레기 발생원이 되는 물건을 줄인다.
③ **리유즈(재이용)** 같은 용도로 다시 사용할 수 있는 물건은 반복해서 사용한다.
④ **리사이클(재생 이용)** 재생 가능한 것은 리사이클한다.

즉, 쓰레기 대책에서는 쓰레기가 되는 물건을 사용하지 않거나 사용량을 줄이는 일이 중요하며, 리사이클은 마지막 수단인 것이다. 그러나 일본에서는 지자체의 쓰레기 처리 우선순위가 ① 리사이클, ② 소각, ③ 매립이다. 우리도 애써 쓰레기를 분리배출하고 리사이클로 내놓는 것을 의무처럼 생각하는 경향이 있다. 리사이클이 환경을 배려한 삶이라는 말은 1990년대부터 나오기 시작했는데, 그때와 지금은 상황이 완전히 다르다. 2000년 이후부터 플라스틱제 일회용 포장 용기가 폭발적으로 증가했기 때문이다.

뭔가를 사면 반드시 플라스틱 포장이 붙어 오는 지금, 우리는 리사이클이 쓰레기 처리의 최종 수단이라는 것을 재인식할 필요가 있다. 또한 일회용을 전제로 한 플라스틱 제품은 리유즈에는 어울리지 않는다. 그렇다고 해서 플라스틱을 사용하지 않는 생활을 하는 것은 비현실적이다. 그렇다면 지금 당장 우리가 할 수 있는 것은 플라스틱 사용을 줄이는 일일 것이다. 다음 페이지부터는 리사이클이나 리유즈 이외의 플라스틱 쓰레기 대책을 다양한 예를 들어서 소개한다.

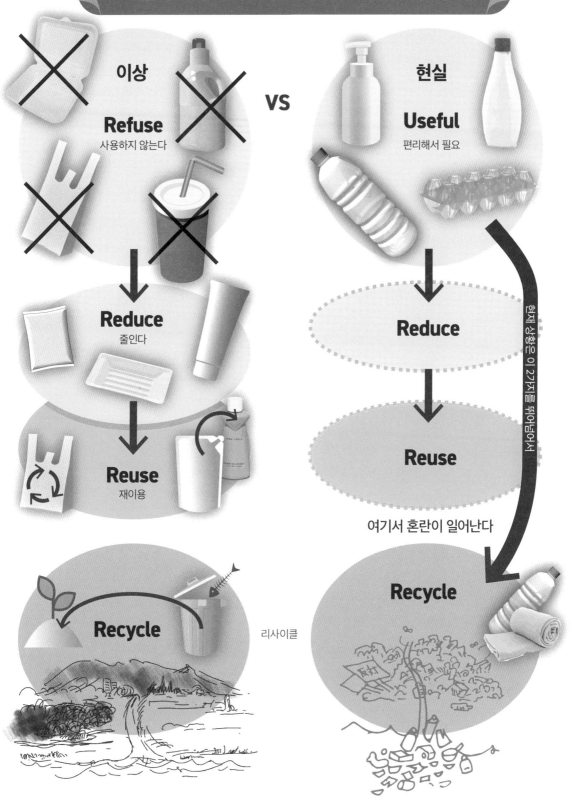

플라스틱 쓰레기 문제는 뿌리째 없애야 한다

이상

Refuse
사용하지 않는다

VS

현실

Useful
편리해서 필요

Reduce
줄인다

Reduce

Reuse
재이용

Reuse

현재 상황으로 이 2가지를 뛰어넘어서

여기서 혼란이 일어난다

Recycle   리사이클

Recycle

81

바이오 플라스틱은
정말로 쓰레기 문제의 해결책이 될 수 있을까?

생분해성 플라스틱도 문제가 있다

플라스틱의 가장 큰 문제는 생분해, 즉 미생물에 의한 분해가 되지 않는다는 것이다. 이 문제를 극복하기 위해 이미 1970년대부터 환경에 부담이 적은 바이오 플라스틱 개발이 추진되어왔다.

잘 알려져 있는 것은 옥수수를 원료로 한 폴리젖산으로 만든 바이오 플라스틱이다. 원료가 식물이므로 미생물에 의해 분해되어 최종적으로는 이산화탄소와 물이 된다. 이처럼 자연계에서 완전분해되는 플라스틱은 '생분해성 플라스틱'이라 불리며 천연 유래 이외에 석유 유래도 있다.

생분해성 플라스틱은 플라스틱 쓰레기 문제의 해결책 가운데 하나로 기대를 모으고 있다. 그러나 보통 플라스틱보다 제조 비용이 비싸고, 생분해된다는 것은 오래가지 않는다는 뜻이므로 내구재에는 적합하지 않다. 또한 환경에 따라 서식하는 미생물의 종류나 수가 다르므로 생분해 속도도 달라진다. 예를 들어 폴리젖산은 고온다습한 환경에서는 분해되지만 흙이나 물속에서는 분해되기 힘들다고 알려져 있다.

생분해성이 아닌 바이오 플라스틱도 있다

바이오 플라스틱 중에 바이오매스(재생 가능한 천연 유래 재료)를 사용한 것은 '바이오매스 플라스틱'이라고 부른다. 여기서 주의할 점은 바이오매스 플라스틱에는 석유에서 유래한 재료를 제한적으로 사용하고 있는 것도 있고, 생분해성이 없는 것도 있다는 사실이다.

심지어 바이오매스 플라스틱을 제품화할 때는 성능을 높이기 위해 보통의 플라스틱이나 첨가제와 혼합하는 일이 많아서 자연에서 완전히 분해되지 않고 일부가 남는다.

그렇지만 100% 석유에서 유래한 플라스틱에 비하면 한정된 자원인 석유의 사용량이 줄고, 태울 때 발생하는 이산화탄소 양이나 플라스틱 쓰레기 양도 줄어든다는 장점이 있으므로 현재는 바이오매스 플라스틱 제품을 활발하게 개발하고 있다.

그러나 생분해성 여부에 상관없이, 바이오 플라스틱을 보급시키려면 일반 플라스틱과 분리 수거하고 리사이클하는 시스템이 필요하다. 또한 현재 바이오 플라스틱은 농자재나 일회용 식품 용기, 페트병, 비닐봉지, 티백 등에 주로 사용되고 있는데, 바이오 소재는 버려도 괜찮다고 생각하게 만드는 것도 문제가 되고 있다.

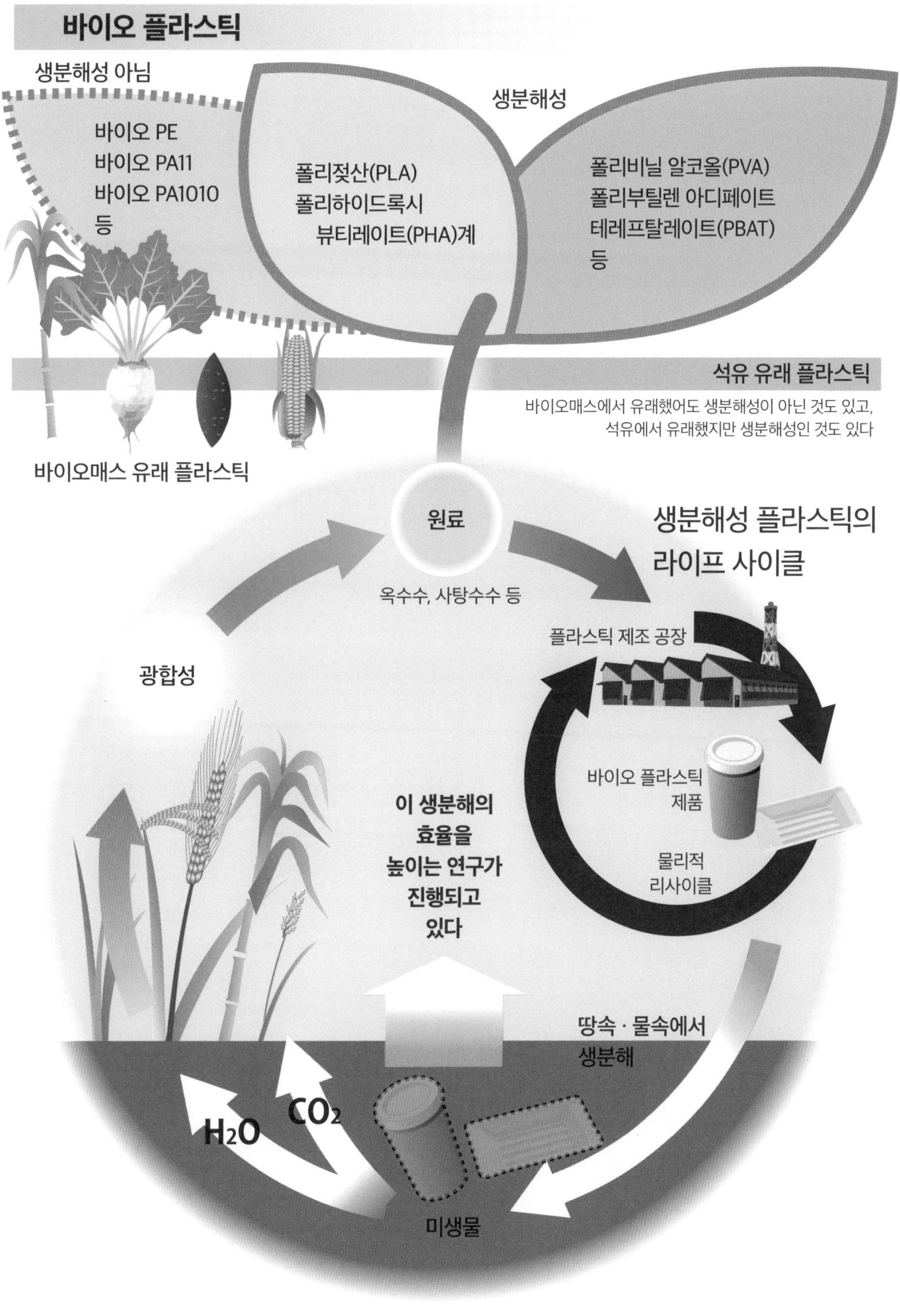

바이오 플라스틱

생분해성 아님

생분해성

바이오 PE
바이오 PA11
바이오 PA1010
등

폴리젖산(PLA)
폴리하이드록시
　뷰티레이트(PHA)계

폴리비닐 알코올(PVA)
폴리부틸렌 아디페이트
　테레프탈레이트(PBAT)
등

석유 유래 플라스틱

바이오매스에서 유래했어도 생분해성이 아닌 것도 있고,
석유에서 유래했지만 생분해성인 것도 있다

바이오매스 유래 플라스틱

원료

옥수수, 사탕수수 등

생분해성 플라스틱의 라이프 사이클

플라스틱 제조 공장

광합성

바이오 플라스틱 제품

물리적 리사이클

이 생분해의 효율을 높이는 연구가 진행되고 있다

땅속·물속에서 생분해

H_2O　CO_2

미생물

쓰레기를 태우거나 매립하지 않는다
세계로 퍼져가는 제로 웨이스트 운동

자원화할 수 없는 쓰레기를 배출하지 않는다

버리는 사회에서 버리지 않는 사회로. 쓰레기를 되도록 배출하지 않으며 살아가는 '제로 웨이스트(쓰레기 제로)'가 세계 각지에서 시도되고 있다.

제로 웨이스트란 소각이나 매립에 의존하지 않고, 재활용이나 자원화에 의해 쓰레기를 없애는 정책으로, 영국의 산업경제학자 로빈 머레이Robin Murray가 맨 먼저 제안했다. 1996년에 오스트레일리아의 수도 캔버라가 세계 최초로 제로 웨이스트를 선언한 데 이어 뉴질랜드 도시의 절반 이상과 미국, 캐나다, 유럽 등의 도시로 확대되었다.

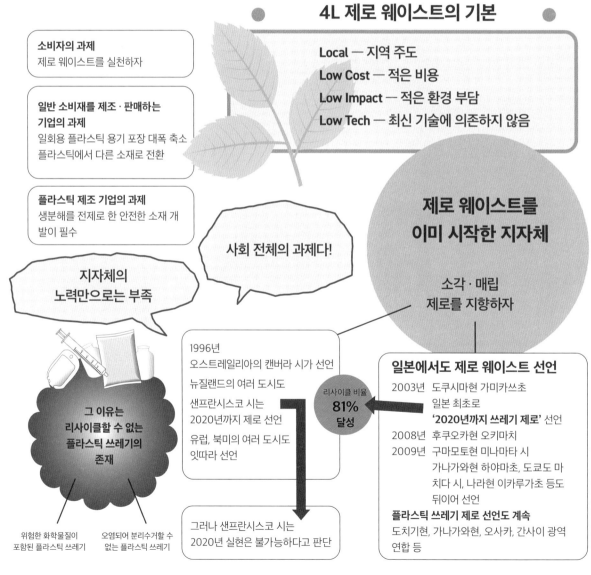

4L 제로 웨이스트의 기본

Local — 지역 주도
Low Cost — 적은 비용
Low Impact — 적은 환경 부담
Low Tech — 최신 기술에 의존하지 않음

소비자의 과제
제로 웨이스트를 실천하자

일반 소비재를 제조·판매하는 기업의 과제
일회용 플라스틱 용기 포장 대폭 축소
플라스틱에서 다른 소재로 전환

플라스틱 제조 기업의 과제
생분해를 전제로 한 안전한 소재 개발이 필수

사회 전체의 과제다!

지자체의 노력만으로는 부족

그 이유는 리사이클할 수 없는 플라스틱 쓰레기의 존재

위험한 화학물질이 포함된 플라스틱 쓰레기

오염되어 분리수거할 수 없는 플라스틱 쓰레기

1996년
오스트레일리아의 캔버라 시가 선언
뉴질랜드의 여러 도시도
샌프란시스코 시는
2020년까지 제로 선언
유럽, 북미의 여러 도시도
잇따라 선언

그러나 샌프란시스코 시는
2020년 실현은 불가능하다고 판단

제로 웨이스트를 이미 시작한 지자체

소각·매립
제로를 지향하자

리사이클 비율
81%
달성

일본에서도 제로 웨이스트 선언
2003년 도쿠시마현 가미카쓰초
일본 최초로
'2020년까지 쓰레기 제로' 선언
2008년 후쿠오카현 오키마치
2009년 구마모토현 미나마타 시
가나가와현 하야마초, 도쿄도 마치다 시, 나라현 이카루가초 등도 뒤이어 선언
플라스틱 쓰레기 제로 선언도 계속
도치기현, 가나가와현, 오사카, 간사이 광역연합 등

일본에서는 도쿠시마현 가미카쓰초上勝町가 2003년에 제로 웨이스트를 선언하고 음식물 쓰레기 퇴비화, 45종류의 분류 등 지역까지 나서서 노력한 결과, 2016년에는 리사이클 비율이 약 81%까지 올라갔다. 미국의 제로 웨이스트 도시인 샌프란시스코 시도 쓰레기 약 80%를 자원화 등으로 전환하여 매립 쓰레기를 줄이는 데 성공했다. 이것은 미국에서 가장 높은 숫자이지만 '2020년까지 쓰레기 제로 달성'이라는 목표는 수정이 요구되고 있다.

제로 웨이스트가 개인 수준의 실천에서 주목받게 된 계기가 하나 있다. 한 여성이 만든 '제로 웨이스트 홈'이라는 블로그로, 샌프란시스코 교외에 사는 비 존슨이라는 여성이 4인 가족의 쓰레기를 1년에 1리터까지 줄인 실천 사례를 소개한 것이다. 이 사례가 2013년에 책으로 출간되어 여러 나라에서 번역되자 유럽과 미국에서 제로 웨이스트 생활에 대한 관심이 높아졌다. 이런 개인 수준의 구체적인 실천 사례는 88~89쪽에서 소개한다.

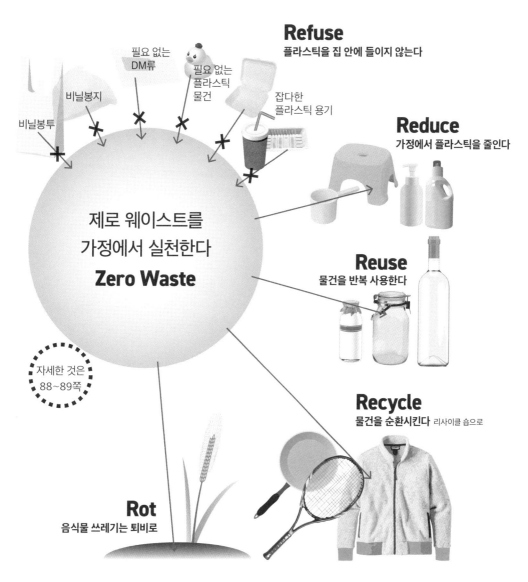

Refuse
플라스틱을 집 안에 들이지 않는다

필요 없는 DM류

필요 없는 플라스틱 물건

비닐봉지

비닐봉투

잡다한 플라스틱 용기

Reduce
가정에서 플라스틱을 줄인다

제로 웨이스트를 가정에서 실천한다
Zero Waste

Reuse
물건을 반복 사용한다

자세한 것은 88~89쪽

Recycle
물건을 순환시킨다 리사이클 숍으로

Rot
음식물 쓰레기는 퇴비로

플라스틱 쓰레기도 가공하면 되살아난다
폐재료의 가치를 높이는 업사이클

쓰레기에서 패션이 태어난다

기존 리사이클과는 다른 발상으로 쓰레기를 새로 활용하는 시도 가운데 하나로 '업사이클(새활용)'이 있다. 플라스틱 제품은 재생되어 건축자재 등으로 사용되는 일이 많지만, 이렇게 리사이클된 물건은 원래 제품보다 가치나 가격이 떨어진다. 이를 다운사이클이라고 한다. 그에 비해 업사이클은 필요 없어진 물건을 더 좋은 것으로 바꾸어 부가가치를 높이는 일이다.

그 성공 예로 알려진 것이 스위스의 프라이탁Freitag, 핀란드의 글로베 호프Globe Hope 등의 패션 브랜드이다. 오래된 천이나 옷뿐만 아니라 차의 안전띠나 공사용 비닐 시트 등, 플라스틱을 포함한 모든 폐재료에서 디자인성이 높은 가방이나 잡화를 만들어내고 있다.

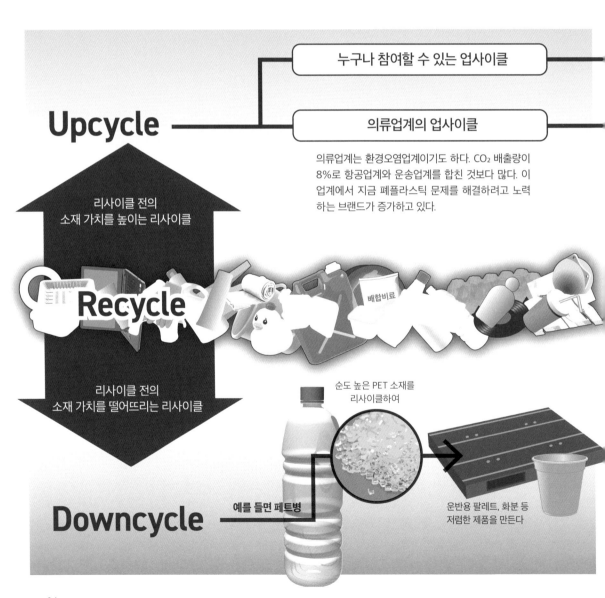

누구나 참여할 수 있는 업사이클

의류업계의 업사이클

의류업계는 환경오염업계이기도 하다. CO_2 배출량이 8%로 항공업계와 운송업계를 합친 것보다 많다. 이 업계에서 지금 폐플라스틱 문제를 해결하려고 노력하는 브랜드가 증가하고 있다.

Upcycle

리사이클 전의 소재 가치를 높이는 리사이클

Recycle

배합비료

리사이클 전의 소재 가치를 떨어뜨리는 리사이클

순도 높은 PET 소재를 리사이클하여

운반용 팔레트, 화분 등 저렴한 제품을 만든다

Downcycle ── 예를 들면 페트병

또한 독일에 본사를 둔 스포츠용품 회사인 아디다스나 이탈리아의 유서 깊은 브랜드인 프라다 등은 바다에서 회수한 플라스틱 쓰레기를 업사이클한 제품 개발을 시도하여 화제를 모으고 있다.

간단한 기계로 누구나 플라스틱을 리사이클한다?

개인이 시도해볼 만한 것으로는 네덜란드에서 시작된 '프레셔스 플라스틱' 프로젝트가 주목할 만하다. 이 프로젝트는 플라스틱 쓰레기를 직접 모아서 핸드 메이드 머신으로 가공하여, 컬러풀한 타일이나 소품으로 업사이클하는 것이다. 거대한 설비가 반드시 필요하다고 여겨지던 물리적 리사이클을, 작은 공간에서 적은 돈으로 누구나 쉽게 할 수 있으므로 개발도상국의 쓰레기 처리장에 설치하는 것도 가능하다.

고안자인 데이브 하켄슨이 기계 만드는 법과 플라스틱 쓰레기 가공법 등 모든 노하우를 인터넷에 무료 공개(오픈 소스)하여 이미 세계 각지로 프로젝트가 퍼지고 있다.

가난한 나라에서도 구할 수 있는 재료로 쉽게 제조 가능한 기계 설비

설계도도 공개되어 많은 사람들이 새로운 아이디어를 보태고 있다.

세계적으로 공감대가 형성되어 프로젝트가 확장되고 있다.

https://preciousplastic.com/

프레셔스 플라스틱

누구나 플라스틱 쓰레기를 재생할 수 있는 프로젝트를 추진하고 있다

2013년에 네덜란드의 디자인 전공 학생이었던 데이브 하켄슨이 졸업 작품으로 시작한 프로젝트. 누구라도 간단히 제작할 수 있는 플라스틱 리사이클 기계를 직접 만들고, 그 정보를 무료로 공개했다.

패션업계도 바다를 구하기 위해 움직이기 시작했다

아디다스
(독일)

해안에 버려진 플라스틱으로 제품 개발
의류, 신발, 액세서리를 제품화. 또한 2024년까지 모든 점포에서 플라스틱 상품 재고를 전량 폐기한다.

걸프렌드 컬렉티브
Girlfriend Collective
(미국)

'에코닐'로 압박 레깅스를 개발 · 발매했다.

업사이클의 선두에 선 2대 브랜드

프라이탁
(스위스)

트럭 짐받이 부분의 비닐 포장을 재이용하여 디자인 퀄리티가 높은 가방을 제작, 세계적인 브랜드로 성장했다.

프라다
(이탈리아)

해양 쓰레기를 재생한 소재인 에코닐을 이용
아쿠아필Aquafil 사(이탈리아)가 어망 등을 재생하여 개발한 '에코닐'을 이용하여 새로운 컬렉션을 발표.

아라크스
Araks
(미국)

'에코닐'을 이용한 수영복 상품을 개발했다.

글로베 호프
(핀란드)

다양한 폐기물을 리사이클하여 품질 좋은 디자인 상품을 개발하여 인기를 얻었다.

플라스틱, 덜 쓰거나 안 쓰거나
지속가능한 탈플라스틱 생활

내가 할 수 있는 일부터 시작한다

　여기서는 플라스틱을 쓰지 않는 실천 사례를 참고로 핵심만 정리한다.

① 내 주변의 플라스틱을 체크한다 우선 내 주변에 플라스틱 제품이 얼마나 많이 있는지를 알아본다. 정말로 꼭 필요한 물건인지, 다른 소재로 바꿀 수는 없는지, 하나씩 생각해본다.

② 내 생활에서 플라스틱을 추방한다 더 이상 늘리지 않기 위해, 사지 않고 받지 않는다. 예를 들어, 외출할 때는 장바구니나 텀블러를 갖고 나가며 비닐봉지나 과대포장은 거부한다. 홍보용 볼펜 등을 받지 않는다. 수돗물은 숯으로 걸러서 마신다. 가능하면 무게를 달아서 파는 가게를 이용한다.

1. 내 주변의 플라스틱을 체크한다

플라스틱 체크 표		
	지금 있는 플라스틱	대체할 수 있는 것
주방		
욕실 · 화장실		
거실		
침실		
공부방		
정원		

2. 내 생활에서 플라스틱을 추방한다

플라스틱 용기는 이제 그만

스테인리스 용기를 사용한다

마로 짠 망을 사용한다

페트병도 이제 그만

수돗물은 숯으로 정수

스테인리스 물병

장을 볼 때는 에코백

주스는 직접 짜서 마신다

③ **지금 갖고 있는 플라스틱을 줄여간다** 바꿀 때가 되었다면 천연 소재인 물건으로 차츰 바꿔간다. 예를 들어 식품 보존 용기는 스테인리스나 유리, 칫솔은 천연모, 빨대는 종이나 대나무, 생리대는 빨아서 다시 쓸 수 있는 천생리대로.

④ **상품을 사기 전에 소재나 성분을 확인한다** 미세 플라스틱의 원천이 되는 합성섬유는 되도록 피한다. 화장품이나 치약 등은 마이크로 비즈가 사용되어 있는지 확인하고, 플라스틱 제품을 살 때는 첨가제의 유무가 적혀 있다면 첨가제가 들어 있지 않은 것을 고른다. 특히 식품에 직접 닿는 것은 주의한다.

⑤ **직접 만드는 생활로 돌아간다** 플라스틱 포장 용기를 조금이라도 줄이기 위해, 텃밭이나 베란다에서 채소를 기른다. 보존식을 만들어 통조림한다(그대로 냉동 보존도 가능). 비누나 세제도 직접 만든다.

실천자들은 '무리하지 않고 계속할 수 있는 일을 해야 한다'고 입을 모아 말한다. 플라스틱을 전혀 안 쓰고 살 수는 없지만 조금이라도 줄이겠다고 다짐하고, 나의 일상을 조금씩 바꿔가면 어떨까.

3. 지금 갖고 있는 플라스틱을 줄여간다

전자레인지에 랩을 씌워 돌리는 일은 과감하게 포기한다

냉장고에도 랩을 쓰지 않는다

플라스틱 용기를 쓰지 않는다

유리 보존병이나 스테인리스 보존 케이스로 비닐 랩 대신 밀랍 랩으로

솔도 천연 소재로

플라스틱 케이스도 목제로

아크릴 담요도 천연 소재로

폴리에스테르 카페트도 천연 소재로

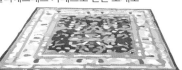

4. 사기 전에 소재 · 성분 확인

특히 주의해야 할 점

① **식품에 직접 닿는 용기나 조리기구**
폴리에틸렌, 폴리프로필렌은 비교적 안전
독성이 우려되는 것 → 56쪽

② **영유아용품**
장난감 : 천연 소재를 선택
젖병 : 폴리카보네이트는 안 됨

③ **미세 플라스틱 발생원**
화장품, 치약 등의 스크럽제
→ 52쪽

5. 직접 만드는 삶으로 돌아간다

요구르트도

세제도

빵은 굽는다

채소는 텃밭에서

많이 수확하면 잼 등을 만든다

그릇을 챙겨 가면 플라스틱 포장은 0이 된다!
유럽과 미국을 중심으로 무게를 달아서 파는 가게가 늘고 있다

쓰레기를 배출하지 않는 삶을 지원한다

85쪽에서 소개한 책『제로 웨이스트 홈』저자인 비 존슨은 플라스틱 쓰레기를 줄이는 방법의 하나로, 무게를 달아 파는 가게를 이용하거나 유리병 등의 용기를 갖고 가서 물건을 담아 오라고 조언하고 있다. 이에 화답하듯이, 유럽이나 북미에서는 벌크(무게를 달아 팖) 또는 플라스틱 용기로 포장하지 않는 것을 콘셉트로 한, 새로운 감각의 제로 웨이스트 가게가 속속 생겨나고 있다.

그런 가게의 시초가 된 영국 런던의 식료품점 〈언패키지드Unpackaged〉는 2007년에 문을 열었다. 채소나 시리얼, 밀가루, 조미료 등 모든 상품은 무게를 달아서 팔고, 장을 보는 손님은 가져온 용기나 봉투에 필요한 양만큼 담아서 사 가는 시스템이다. 이런 형태의 식료품점이 이탈리아, 독일, 캐나다, 미국 등

2009년 이탈리아
네고치오 레제로NEGOZIO LEGGERO 개점
포장이 없고 재활용 가능한 상품 판매 전문점. 1,500가지 상품을 갖추고 있다.

2016년 프랑스
오푸아시슈Au Poids Chiche 개점
무게를 달아서 파는 전문 이동 판매점을 시작했다. 상품 지식이 풍부한 직원이 특징.

2018년 네덜란드
에코 플라자 매장 설치
유기농 슈퍼가 완전 플라스틱 프리 매장을 설치했다.

저자는 비 존슨. 이 책으로 단숨에 주목을 받았다.

2000년대 초에 시작된 제로 웨이스트 운동을 세계에 퍼뜨린 『제로 웨이스트 홈』 (2013년 발간)

우리나라에도 이런 슈퍼마켓이 생기면 좋겠다

채소·과일은 망에 넣어서 계량

채소·과일 코너

상품 번호를 입력하세요. 가격표가 발행됩니다.

인테리어는 천연 재료로

기름·조미료 곡물·쌀 코너

과자 코너

고기·생선은 방수 처리된 종이봉투에 넣어서

생선·정육 코너

카페 코너는 개인 컵, 개인 텀블러로

내 텀블러

1982년 캐나다
벌크 반 개점
무게를 달아서 파는 캐나다 최대 슈퍼. 현재 캐나다 전역에 275개의 점포가 있다.

2007년 영국
언패키지드 개점
상품 포장이 일체 없는, 달아 파는 가게의 선구적 존재. 달아 파는 가게 시스템을 개발하여 창업 희망자에게 렌털, 사업 지도, 홍보까지 서비스한다.

2014년 독일
오리기날 운페어파트 개점
크라우드 펀딩으로 자금을 조달한 플라스틱 프리 슈퍼마켓.

2017년 프랑스
까르푸 용기 지참 OK
세계적인 대기업 슈퍼가 용기 지참 코너 설치.

에도 등장하고 있다. 프랑스에 거점을 두고 세계 각국에 지점을 둔 메이저 슈퍼인 까르푸도 2017년부터 용기 지참 방식을 도입하고 있다.

원래 유럽과 미국에서는 채소나 과일을 무게를 달아서 파는 슈퍼나 마트가 지금도 많으며, 이런 가게 자체가 드물지는 않지만 플라스틱 쓰레기 문제에 관심을 기울이는 사람이 늘어나면서 한층 주목받고 있다. 또 다른 플라스틱 포장 추방책으로 네덜란드의 슈퍼인 〈에코 플라자Ekoplaza Lab〉는 세계 최초로 완전 플라스틱 프리 식품 매장을 열어서 1,370종류의 유기농 식품의 모든 포장에 유리병이나 생분해성 소재를 사용하고 있다.

이런 제로 웨이스트, 플라스틱 프리, 또는 패키지 프리를 콘셉트로 내건 가게, 카페, 레스토랑 등이 유럽과 미국에서는 지난 10년 동안에 급속히 늘어나서, 쓰레기를 배출하지 않는 라이프스타일을 지원하고 있다. 일본에서도 용기를 지참할 수 있는 무게를 달아 파는 가게가 조금씩 늘어나고 있다(우리나라 도 2016년에 무게를 달아 파는 가게인 〈더 피커〉가 최초로 문을 열었다. - 옮긴이).

옛날부터 가게에서는 무게를 재서 팔았다

플라스틱이 없던 때를 아시나요?
그때 그 시절의 생활을 돌아본다

1960년대에서 힌트를 찾는다

플라스틱을 사지 않는 생활의 힌트는 플라스틱이 보급되기 전의 삶에 있다. 플라스틱 없이 살았던 시절은 영화나 만화에서 그려지기도 하고 그때를 기억하는 사람들도 있다.

장을 보러 갈 때는 대나무 등으로 짠 장바구니가 필수품이었다. 요즘으로 치면 개인 에코백이다. 채소는 그대로 담거나 신문지에 싸주면 바구니에 넣었다. 생선이나 고기는 나무껍질로 만든 무늬목에, 튀김은 파라핀을 먹인 종이에 싸 갖고 왔다. 된장이나 간장은 무게를 달아서 파는 가게에서, 가져간 그릇이나 병에 받아 왔다. 병은 보자기에 싸면 가져오기 쉬웠다.

랩이 없던 시절, 음식은 베나 헝겊으로 만든 밥상보나 소쿠리로 덮어두곤 했다. 무엇보다, 식재료는 필요한 만큼 사고, 그날그날 음식을 만들어 먹는 생활이 일반적이었다. 병에 든 술이나 주스, 우유 등은 집까지 배달해주고 빈병은 회수해 갔다. 리사이클이라는 말이 없었던 시대에 오히려 리사이클이나 리유즈가 당연시되었다.

유리병이 플라스틱 병으로, 금속 양동이가 플라스틱 양동이로, 종이봉투가 비닐봉지로 바뀌었듯이, 플라스틱은 원래 천연 소재의 대체재로 생겨났다. 그렇다면 '플라스틱을 대체할 것'을 찾기는 별로 어렵지 않다. 동네 가게의 단골이 되면 플라스틱 포장 대신에 내가 챙겨 간 용기에 물건을 담아 올 수 있다. 우리가 살아가는 방법을 조금만 바꾼다면 가게나 사회도 조금씩 바뀔 것이다.

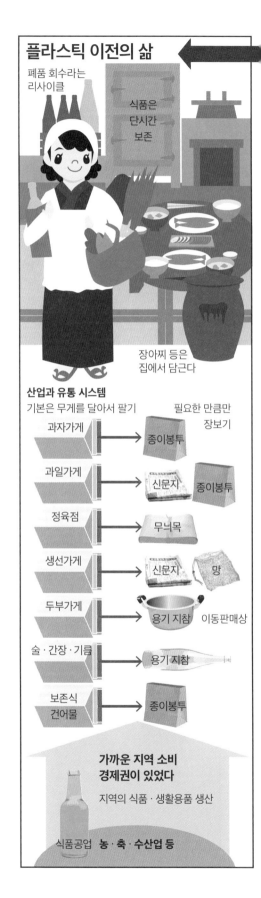

플라스틱 이전의 삶

폐품 회수라는 리사이클

식품은 단시간 보존

장아찌 등은 집에서 담근다

산업과 유통 시스템

기본은 무게를 달아서 팔기 / 필요한 만큼만 장보기

가게	포장
과자가게	종이봉투
과일가게	신문지 · 종이봉투
정육점	무늬목
생선가게	신문지 · 망
두부가게	용기 지참 (이동판매상)
술 · 간장 · 기름	용기 지참
보존식 건어물	종이봉투

가까운 지역 소비 경제권이 있었다

지역의 식품 · 생활용품 생산

식품공업 농 · 축 · 수산업 등

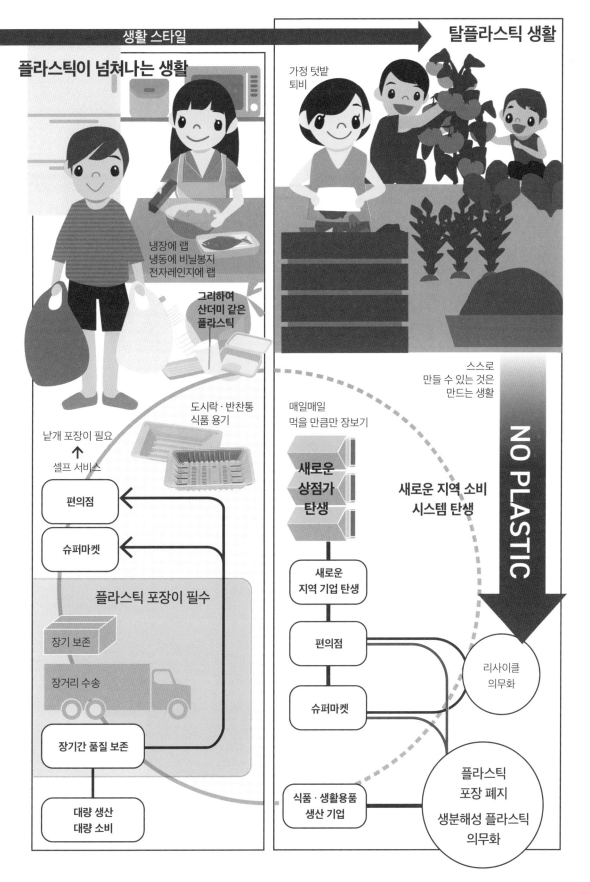

생활 스타일

탈플라스틱 생활

플라스틱이 넘쳐나는 생활

가정 텃밭
퇴비

냉장에 랩
냉동에 비닐봉지
전자레인지에 랩

그리하여
산더미 같은
플라스틱

스스로
만들 수 있는 것은
만드는 생활

도시락 · 반찬통
식품 용기

매일매일
먹을 만큼만 장보기

NO PLASTIC

낱개 포장이 필요

↑

셀프 서비스

새로운
상점가
탄생

새로운 지역 소비
시스템 탄생

편의점

슈퍼마켓

새로운
지역 기업 탄생

플라스틱 포장이 필수

편의점

리사이클
의무화

장기 보존

장거리 수송

슈퍼마켓

장기간 품질 보존

대량 생산
대량 소비

식품 · 생활용품
생산 기업

플라스틱
포장 폐지

생분해성 플라스틱
의무화

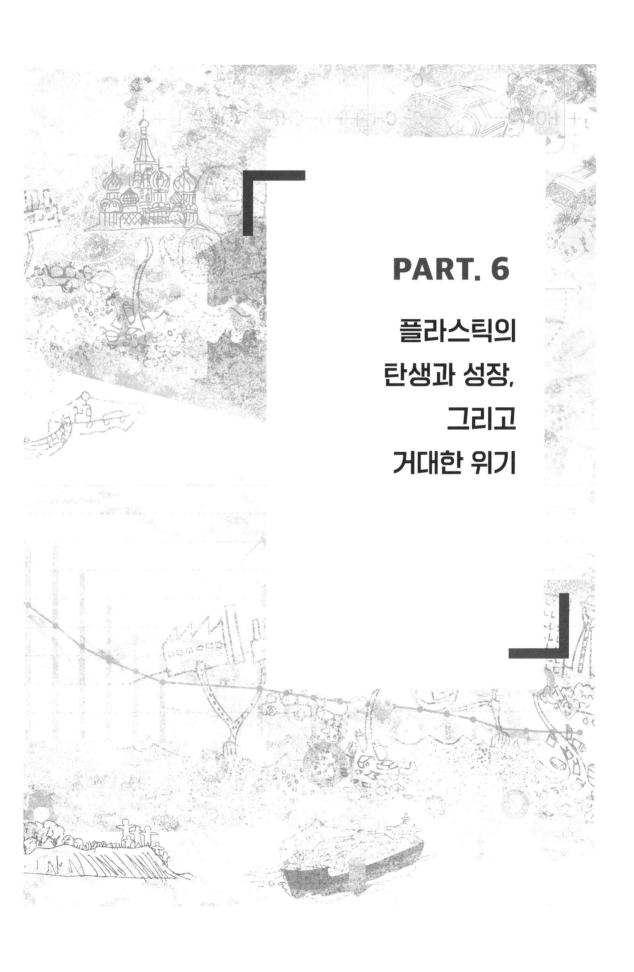

PART. 6

플라스틱의
탄생과 성장,
그리고
거대한 위기

천연 소재의 대체재로 태어나
100년 만에 세상을 뒤바꾸다

전후의 경제 성장과 함께 발전

플라스틱은 어떻게 생겨나 성장해왔을까? 여기서는 플라스틱의 발자취를 간단히 살펴보자. 세계 최초의 플라스틱에 대해서는 여러 가지 설이 있지만, 최초로 실용화에 이른 것은 셀룰로이드였다. 미국의 당구공 회사가 상아를 대신할 공의 소재를 현상금을 걸고 모집한 것이 계기가 되어 1869년에 발명가 하이엇John Wesley Hyatt이 셀룰로오스(식이섬유)를 재료로 셀룰로이드를 개발했다.

이처럼 초기의 플라스틱은 천연 소재를 사용한 반합성 수지였다. 1907년에 미국의 화학자 베이클랜드Leo Baekeland는 페놀과 포름알데히드에서 베이클라이트(페놀 수지)를 발명한다. 이것이 세계 최초로 만

**1869년
셀룰로이드
탄생**

미국

존 W. 하이엇(1837~1920)
인쇄공 출신으로 화학 발명가로 활약. 셀룰로이드를 발명하여 억만장자가 되었다.

상아로 만든 당구공의 대용품을 개발하는 과정에서 우연히 성형이 자유로운 반투명한 고형 수지 셀룰로이드를 개발했다.

**1907년
최초의
합성 수지
베이클라이트
탄생**

미국

리오 H. 베이클랜드
(1863~1944)
벨기에 출신 화학기술자.

미국으로 건너가 사진 감광지 연구로 특허를 취득. 훗날 합성 수지를 연구하여 페놀과 포름알데히드를 합성한 페놀 수지를 발명, 베이클라이트라고 이름 붙였다.

**1920년
슈타우딩거
고분자설
발표**

독일

헤르만 슈타우딩거
(1881~1965)
독일의 유기화학자. 고분자화학의 창시자.

고무의 유기화학적 연구에서 고분자·중합 등의 화학 이론을 전개했지만, 당시에는 이단으로 취급당했다.

독일 기업의 약진

**1935년
폴리스티렌 실용화**

**1937년
폴리우레탄 실용화**

독일
이게 파르벤 사

**1935년
나일론66 탄생**

미국

윌리스 H. 캐러더스
(1896~1937)
듀폰 사의 연구자.

슈타우딩거의 고분자 합성에 도전하여 성공, 비단과 비슷한 합성섬유인 나일론을 개발

셀룰로이드제 둥근 안경이 유행. 인기 희극배우 해럴드 로이드도 애용하여 로이드 안경이라고 불렸다.

초기의 베이클라이트
제조 장치

**대량 생산을
목적으로
하는
근대 산업의
발흥으로
천연 소재가
부족해졌다**

그 대체품으로 합성 수지 개발이 촉진된다

**1926년
폴리염화비닐
개발**

미국
굿리치 사

훗날 미국 최대의 폴리염화비닐 제조 기업이 된다.

베이클라이트로 만든
당시 전화기

듀폰 사의 나일론 스타킹 광고. 스타킹은 대대적인 붐을 일으켰다.

들어진 인공 합성 수지였다.

　20세기 전반에 화학자들은 부족한 천연 소재를 대신할 신소재를 만들어내기 위해 치열한 경쟁을 벌였다. 신소재 개발에 박차를 가한 사건은 제2차 세계 대전이었다. 튼튼하고 가벼우며 절연성이 뛰어난 플라스틱은 무기나 장비의 소재로 개발되었다. 그러한 소재를 의뢰한 것은 각국의 거대 화학산업체와 메이저 화학기업이었다.

　전쟁이 끝나자 이들 기업은 가정용품에서 새로운 시장을 찾아냈다. 1950년대 이후 석유산업의 발전과 더불어 용도를 넓히고, 1960년대 이후에는 공업용으로 강도나 내열성 등을 높인 엔지니어링 플라스틱도 개발되었다. 전도성 플라스틱이 발견되면서 다양한 전자부품에 이용되어 오늘날 IT 산업의 기초를 쌓아 올렸다. 플라스틱은 의료 분야에서도 뛰어난 특성을 발휘하여 인공 장기를 완성시키기도 했다. 플라스틱이 단기간에 이렇게까지 급성장할 수 있었던 비결은 다음 페이지에서 살펴보자.

1939년~1945년 제2차 세계 대전이 군용 플라스틱 개발 촉진

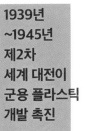

보병의 철모 안쪽 라이너에 플라스틱이 사용되었다.

료용 폴리탱크 등 부분의 장비가 플라틱으로 바뀌었다.

병사의 휴대용 바주포도 플라스틱제로 바뀌었다.

1939년 폴리에틸렌 생산 개시

영국 ICI 사

영국 전투기의 레이더 안테나에 혁신을 가져왔다.

자세한 것은 99쪽

1939년 사쿠라다 이치로 팀 비닐론 합성

사쿠라다 이치로 (1904~1986)
교토대학 명예교수. 일본 최초의 합성섬유 비닐론을 발명하여 고분자 화학의 기초를 세웠다. 구라시키 레이온이 이것을 실용화했다.

1941년 나일론6 합성

일본의 연구자 호시노 고헤이가 나일론6 합성에 성공하여 도요레이온 사로 계승

폴리에스테르 개발
영국 ICI 사

PET 개발
영국 캘리코 프린터스 사

세계 대전이 끝남으로써 석유시대 도래

전쟁 중에 약진한 화학기업은 다음 목표를 가정용품으로 잡았다

1953년 고밀도 폴리에틸렌 개발

카를 치글러(1898~1973)
촉매를 이용한 저압중합법을 확립했다.

독일

1953년 슈타우딩거 노벨상 수상

1954년 촉매에 의한 폴리프로필렌 개발

이탈리아

줄리오 나타 (1903~1979)
치글러의 촉매를 개량하여, 치글러·나타 촉매 개발

1963년
촉매를 이용한 중합법으로 치글러와 나타 노벨상 수상

1960년대부터 고기능성 엔지니어링·플라스틱 개발이 진행되다

미국

1974년 폴 플로리가 노벨상 수상

폴 플로리(1910~1985)
듀폰 사의 연구자였다가 스탠퍼드대학 교수가 되었다. 고분자화학 기초 연구에 업적을 남겼다.

1977년 전도성 플라스틱인 폴리아세틸렌 탄생

일본

시라카와 히데키(1936~)
플라스틱은 전기가 통하지 않는다는 상식을 깨고, 전기가 통하는 플라스틱을 발명했다.

2000년
전도성 플라스틱을 발명하여 노벨상 수상

1950~1960년대 미국의 삶에 컬러풀한 플라스틱이 등장했다. 왼쪽은 타파웨어를 사용한 피크닉.

플라스틱을 진화시킨 것은
제2차 세계 대전이었다

독일과 일본을 농락한 극비 소재

플라스틱 개발을 단숨에 진전시킨 사건은 두 번의 세계 대전이었다. 근대 병기를 대량 투입하는 총력전에 따라 철, 구리, 알루미늄 등의 금속이 부족해지자 그것을 대체할 인공 소재가 필요해진 것이다. 제1차 세계 대전(1914~1918년) 당시, 화학 분야에서 세계를 이끈 나라는 독일이었다. 1925년에 독일에서 화학산업체인 이게 파르벤IG Farben이 탄생하자 위기감을 느낀 영국의 화학업계는 다음 해에 임페리얼 케미컬 인더스트리(Imperial Chemical Industries, ICI) 사를 설립하여 1933년, 실험 중에 우연히 폴리에틸렌을 만들어내는 데 성공한다.

ICI 사의 폴리에틸렌 공장이 가동하기 시작한 날은 1939년 9월 1일. 때마침 그날 독일이 폴란드를 침

AI Mk.-VIII 레이더

제2차 세계 대전 때 독일과 영국의 전투는 도버 해협을 사이에 둔 항공전이었다. 영국은 야간 전투기용 레이더 시스템이 필수였다. 전투기의 앞부분에 탑재할 수 있는 소형 고성능 레이더 시스템 AI Mk.-VIII의 성공이 영국을 승리로 이끌었다. 이 레이더 시스템은 ICI 사가 개발한 폴리에틸렌제 소형 경량 안테나와 전선 피막에 의해 성능을 발휘했다.

**폴리에틸렌을 사용한
레이더 시스템**

AI Mk.-VIII 레이더

드 하빌랜드 모스키토
영국 공군의 쌍발 야간 전투기. 자재가 부족했던 영국이 개발한 목제 전투기로, 독일군 레이더에 잘 잡히지 않고 기수에 탑재한 레이더 시스템 덕분에 독일군 폭격기를 요격하여 많은 전과를 올렸다.

**영국은 이 레이더의 활약으로
독일의 공격을 막아냈다**

공했다. 영국이 프랑스와 함께 독일에 선전포고를 하면서 제2차 세계 대전이 시작되었다.

당시 양 진영은 레이더 개발에 혈안이 되어 있었다. 폴리에틸렌은 가볍고 고주파 절연재로 탁월했으므로 영국군은 이것을 레이더에 사용하여 야간 전투기에 탑재했다. 영국군은 이 기술로 독일 공군의 야간 폭격을 요격하는 데 성공하고, 대서양의 전투에서는 독일 최강 잠수함 U보트를 탐지해 전세를 우위로 이끌었다. 이 기술이 미국에도 제공되어 해군의 의뢰를 받은 듀폰 사는 레이더용 폴리에틸렌을 생산했고, 최신 레이더를 탑재한 B29 폭격기가 일본을 궤멸 상태로 몰아넣었다.

또한 듀폰 사가 전쟁 전에 개발한 나일론은 낙하산이나 B29의 타이어 소재가 되었다. 미국의 장거리 폭격기 보조연료 탱크에는 폴리에스테르를 유리섬유로 강화한 복합 소재가 사용되었다. 독일군이 해저에 부설한 자기기뢰의 감지를 피하기 위해 폴리염화비닐을 씌운 전기 케이블도 개발되었다.

막대한 자금이 투입된 전쟁이 플라스틱 기술을 발전시켰고 1945년 플라스틱을 갖게 된 연합군이 승리한 것이다.

**독일 폭격기는
날마다 영국을 공격했다**

독일 제국을 뒷받침한 화학기업

이게 파르벤

1900년대 초반에 독일을 대표하는 6개의 화학 기업을 통합하여 만들어진 거대 화학기업. 권력을 장악한 나치에게 접근하여 나치의 자본으로 다양한 최신 기술을 개발했다. 그중 한 분야가 고분자 폴리머 개발이었다.

IG

폴리스티렌 개발에 성공   폴리우레탄 개발에 성공

플라스틱 산업을 발전시킨
고분자 화학의 선구자들

거대 분자의 존재가 명백해졌다

초기의 플라스틱은 우연히 발견된 경우가 많았으며 화학적인 구조는 정확히 밝혀지지 않았다. 화학 분야에서 획기적인 발견은 독일에서 잇따른다. 1850년대 독일의 화학자 케쿨레Kekule는 탄소의 원자가(原子價, 손의 개수)는 4이며 사슬 모양이 된다고 주장했다.

이 생각을 토대로 1920년에 '고분자설'을 발표한 사람이 독일의 화학자 슈타우딩거Hermann Staudinger이다. 그는 천연 고무나 셀룰로오스 같은 탄소 화합물은 여러 개의 분자가 화학 결합한 거대한 분자라고 주장했다. 그러나 당시에는 작은 분자가 물리적인 힘으로 모인 것이라는 설이 우세하여 고분자설은 학계에서 받아주지 않았다.

그런 와중에 슈타우딩거의 주장을 믿은 화학자가 있었다. 미국 듀폰 사의 화학자 캐러더스Wallace Hume Carothers였다. 그는 분자를 서로 연결하는 연구에 몰두한 끝에 나일론을 만들어내는 데 성공했다. 이런 사례에 따라 1936년에 마침내 고분자설이 옳다고 인정받았고, 이렇게 고분자화학이 시작되었다.

2대 플라스틱을 낳은 촉매

슈타우딩거는 1953년에 노벨화학상을 받았는데, 같은 해에 역시 독일의 화학자인 치글러Karl Waldermar Ziegler가 고분자를 만들어내는 새로운 촉매를 발견했다.

20세기 전반, 화학자들은 높은 압력을 가하면 물질이 화학 반응을 일으키는 것에 착안했다. 영국의 ICI 사가 개발한 폴리에틸렌(98쪽 참조)도 초고압 조건에서 만들어진 것이었다. 그러기 위해서는 높은 압력을 견딜 수 있는 시설과 충분한 자금이 필요한데, 치글러의 촉매를 이용하면 낮은 압력에서도 에틸렌을 중합하여 폴리에틸렌을 만들 수 있었다.

오늘날 흔히 볼 수 있는 폴리에틸렌 봉지에는 투명하고 매끈매끈한 것과 반투명하고 바스락바스락거리는 소리가 나는 것이 있다. 이 중 전자가 고압법에 의한 저밀도 폴리에틸렌이고, 후자가 치글러의 저압법에 의한 고밀도 폴리에틸렌이다.

1954년, 이탈리아의 화학자 줄리오 나타Giulio Natta는 치글러의 촉매를 개량하여 폴리프로필렌 합성에 성공했다. 이 발견으로 플라스틱 합성 기술에 탄력이 붙었고, 치글러와 나타는 1963년 공동으로 노벨화학상을 받았다. 나타는 그 밖에도 많은 업적을 남겼고, 아세틸렌 중합에도 성공했다. 이 기술이 나중에 일본의 시라카와 히데키白川英樹 박사가 전기가 통하는 획기적인 플라스틱인 폴리아세틸렌을 개발하는 실마리가 되어 2000년 노벨화학상 수상으로 이어졌다.

고분자화학의 문을 열고 꽃피운 사람들의 계보

자연 소재

천연 고무	셀룰로오스	포름알데히드+페놀
↓	↓	↓
합성 고무	셀룰로이드	베이클라이트

이런 발견은 우연의 산물이었고 그것의 구조는 수수께끼였다

석탄·석유의 시대

1920년대 2가지 설이 대립하고 있었다

슈타우딩거
고분자설
이것 자체가 거대한 분자 화합물

기타 당시 과학자들
콜로이드설
분자 분자 분자 분자 분자
콜로이드
과학자
이들이 우세했다

위험한 폴리에틸렌의 제조 영국 ICI 사의 경우

고열 / 고압

에틸렌

종종 폭발했다

K. 치글러
카이저 빌헬름 석탄연구소 소장. 훗날 나치에 발탁되어 이탈리아에서 연구 활동을 계속했다.

W. H. 캐러더스
하버드대학 강사. 슈타우딩거의 고분자설 실증에 노력. 듀폰의 초청을 받아 연구소장이 되었다.

P. 듀폰
화약회사 사장. 미국 유기화학 산업의 선구자.

독자적인 촉매에 의해 낮은 압력에서 에틸렌 중합에 성공한다

줄리오 나타
밀라노공과대학 교수. 치글러의 기초 연구를 활용하여 새로운 고분자 생성에 성공한다.

합성섬유 개발

이 실은 뭘까? / 그거야!!
폴리아미드에서 나일론 개발에 성공한다

나일론 스타킹 대유행

선구자들에게 노벨상이 주어졌다

늦었지만 1953년에 슈타우딩거가 노벨화학상 수상

슈타우딩거 치글러 나타

1963년에 치글러와 나타가 노벨화학상 공동 수상. 그러나 당시 두 사람은 특허권을 둘러싼 불화설이 있었다.

치글러의 촉매를 개량하여 폴리프로필렌 합성에 성공한다
치글러·나타 촉매라고 불린다

그러나 캐러더스는 이 대성공을 알지 못하고 의문의 자살을 한다.

news about NYLON
DUPONT

아세틸렌 중합에도 성공

시라카와 히데키
도쿄공업대학에서 연구. 펜실베이니아대학에서 공동 연구. 현재 쓰쿠바대학 명예교수.

폴리아세틸렌 합성에서 연구원이 실패
연구원
보통은 가루가 되는데
검은 막이 되었다
좋았어! 이것으로 여러 가지를 검증할 수 있다

세기의 발명
전기가 통하는 플라스틱은 일본인이 만들었다
펜실베이니아대학에서 공동 연구를 할 때
브롬 주입
전기가 통했다!!
전도성 폴리머 탄생

전자기기 제조의 세계에 혁명이
리튬이온 전지에
터치 패널에
유기 EL 패널에
LED 소자에
태양광 발전 패널에
금속을 대체할 전기 부품 소재가 등장했다

2000년 노벨화학상 수상

전후 석유 산업의 발전과 더불어
'꿈의 소재' 시대, 활짝 열리다

플라스틱이 열어젖힌 새로운 생활

전쟁에서 배양된 플라스틱 기술은 전쟁 후에 민간용으로 전환되어 새로운 시장을 개척했다. 이러한 변화를 선도한 나라는 전승국 미국이었다. 대량으로 남아도는 군용 폴리에틸렌으로 만들어진 훌라후프, 군사 목표 모형에서 시작된 플라스틱 모델(프라모델) 등, 최초에 상품화된 플라스틱 제품은 장난감이었다.

1950년대에는 석유 산업이 급속히 발전했다. 그때까지 석탄을 원료로 했던 플라스틱도 값싼 석유에서 만들어지게 되었다. 석유 산업의 발전은 자동차의 보급을 촉진했고, 경량화를 위해 플라스틱 부품을 쓰게 되었다. 플라스틱은 주방용품으로 가정에도 들어왔다. 플라스틱제 식품 보존 용기가 날개 돋친 듯 팔려나가 주방에 혁명을 일으켰다. 음식을 엎지르지 않고 운반할 수 있고 밀봉 보관할 수도 있는 용기의 출현은 획기적이었다.

냉장고의 보급과 더불어 식품용 랩 역시 널리 퍼졌다. 오락 산업을 지탱한 것도 플라스틱이었다. 레코드판은 천연수지인 셀락shellac에서 폴리염화비닐제로, 영화 필름은 셀룰로이드에서 아세테이트나 폴리에스테르제로 진화해갔다.

신소재, 디자인 혁명을 부르다

의복의 세계에서는 나일론, 폴리에스테르, 아크릴 등 합성섬유가 등장했다. 주름이 잘 생기지 않고, 잘 마르며, 줄어들지 않는 등의 특성은 세탁기의 보급과 맞물려 가사노동을 줄이는 데 공헌했다.

성형이나 착색도 자유로운 플라스틱은 디자인의 폭도 넓었다. 1950~1960년대에는 유선형 디자인과 컬러풀한 색깔이 유행했다. 플라스틱 성형 일체형의 디자이너 체어나 둥그스름한 형태의 가전 제품 등은 '아토믹 에이지 디자인', '미드 센추리 모던Mid-century Modern'이라 불리며 디자인 역사에 한 획을 그었다.

플라스틱은 건축 자재로도 성능을 발휘했다. 1970년에 오사카에서 열린 만국박람회는 그야말로 플라스틱 소재의 일대 전시장이었다. 철골 이외의 거의 전체를 각종 플라스틱으로 덮은 화학공업관, 기둥을 사용하지 않고 고강도 비닐론 돛천을 공기로 부풀린 후지 그룹의 파빌리온 등, 가까운 미래에 등장할 법한 건축물에 입장객들은 눈이 휘둥그레졌다. 플라스틱은 등장했던 당시에는 천연 소재의 대용품으로 '싸구려', '모조품' 이미지가 강했지만, 전후의 경제 성장과 더불어 꿈의 소재로 칭송받게 되었다. 플라스틱은 세계를 완전히 바꿔버린 것이다.

가정의 주방으로

아이들 장난감으로

길에 넘쳐나는 훌라후프로 놀고 있는 아이들 ▶

일본에서도 폴리염화 비닐제 인형 '다코짱'이 큰 인기를 얻었다.

주방용품에도 플라스틱이 넘쳐났다

아이들 장난감에도 플라스틱이

▶ 1960년대 모빌 사의 석유 광고. 새로운 엔진오일이 생활용품 선반에 올려져 있다. 그 주위의 상품 용기도 석유로 만든 플라스틱 제품. 석유 산업의 융성을 상징한다.

▲ 상품 용기로 등장한 플라스틱의 선명한 색깔과 자유로운 형태는 사람들의 눈길을 끌었다.

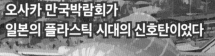

오사카 만국박람회가
일본의 플라스틱 시대의 신호탄이었다

플라스틱이 그려낸 '꿈' 같은 생활

플라스틱 일용품이 주변에 넘쳐났다.

◀ 1960년대 잡지에 소개된, 플라스틱에 둘러싸인 '아토믹 에이지 디자인'.

▲ 오사카 만국박람회 후지 그룹 전시장. 특수 가공한 고강도 비닐론 튜브로 만들었다.

사람들의 목숨을 살리고
희망을 준 의료용 플라스틱

인체 친화적인 성질을 획득

　플라스틱의 가장 큰 공적은 의료 분야에 대한 공헌이라고 해도 지나친 말이 아닐 것이다. 옛날에는 금속이나 고무 등이 사용되었던 의료기구가 지금은 대부분 플라스틱제이다. 주사기, 주삿바늘, 수액 주머니, 카테터 등은 감염 방지를 위해 모두 일회용 플라스틱을 쓴다.

　플라스틱은 천연 소재가 일으키는 알레르기나 이물에 닿으면 응고하는 혈액의 성질도 극복하여 인체 친화적인 신소재가 나오고 있다. 1945년 네덜란드의 빌렘 콜프Willem Kolff 박사는 셀로판을 사용한 인공 신장으로 세계 최초로 신부전 치료에 성공했다. 이것이 인공 투석 치료의 기초가 되었다.

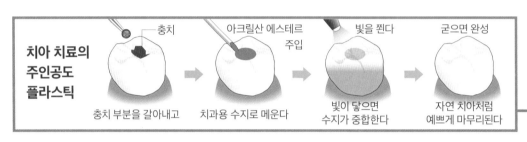

치아 치료의 주인공도 플라스틱

충치 / 충치 부분을 갈아내고

아크릴산 에스테르 주입 / 치과용 수지로 메운다

빛을 쬔다 / 빛이 닿으면 수지가 중합한다

굳으면 완성 / 자연 치아처럼 예쁘게 마무리된다

일회용 플라스틱 의료기구

혈액 주머니
수혈용 주머니는 연질 염화비닐 제품

예전에는 유리병이 사용되었다

수액 주머니
점적액 등의 주머니는 폴리에틸렌, 폴리프로필렌 제품

주사기
폴리프로필렌 제품
환형 폴리올레핀 제품

일회용 의료기구의 이점

세균 감염 위험 감소
현장 노동의 효율화
판단 착오가 줄어듦

의료용 플라스틱의 조건

안전할 것
첨가제 용출 안전기준에 적합할 것

항혈전성 소재일 것
카테터, 투석, 인공 혈관의 필수 조건

인체 친화적일 것
재생의료 분야에서는 폴리젖산 등 생분해성 폴리머 연구가 진행되고 있다

봉합실
폴리글리콜산
체내에 흡수되는 실은 고분자 생분해성 열가소 플라스틱제. 이 실은 물에 닿으면 분해되는 성질을 갖고 있으므로 실을 뽑을 필요가 없다.

카테터
실리콘 수지 제품
폴리아미드 엘라스토머 제품
폴리우레탄 엘라스토머 제품

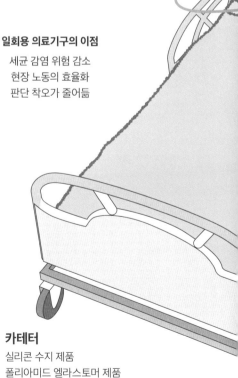

그 후, 일본인 의사 아쿠쓰 데쓰조阿久津哲造가 미국에서 인공 장기를 연구하던 콜프 박사 밑에서 인공 심장을 개발하기 시작했다. 1958년에 아쿠쓰는 세계 최초의 인공 심장을 개발하고 동물 실험에 성공했다. 이때 사용된 폴리염화비닐은 아직 혈액응고 문제가 있었다.

아쿠쓰는 개량을 거듭하여 폴리우레탄과 실리콘 고무를 결합한 신소재를 채용, 1981년 인공 심장을 인체에 이식하는 데 성공했다.

의료용 플라스틱은 이후로도 발전을 거듭했다. 체내에 흡수되어 실을 뽑을 필요가 없는 고분자 생분해성 플라스틱이 수술 후의 봉합실로 사용되고 있고, 검사에 사용되는 엑스레이 필름, 충치 치료나 틀니, 임플란트, 안경의 렌즈나 콘택트렌즈 등 플라스틱의 혜택은 여기저기에 넘쳐난다. 예전에는 나무나 금속으로 만들었던 의수나 의족도 강화 플라스틱이 사용되면서 눈부시게 진화했다. 스포츠용으로 특화한 고성능 의지장구는 장애인 스포츠 발전에도 공헌하고 있다.

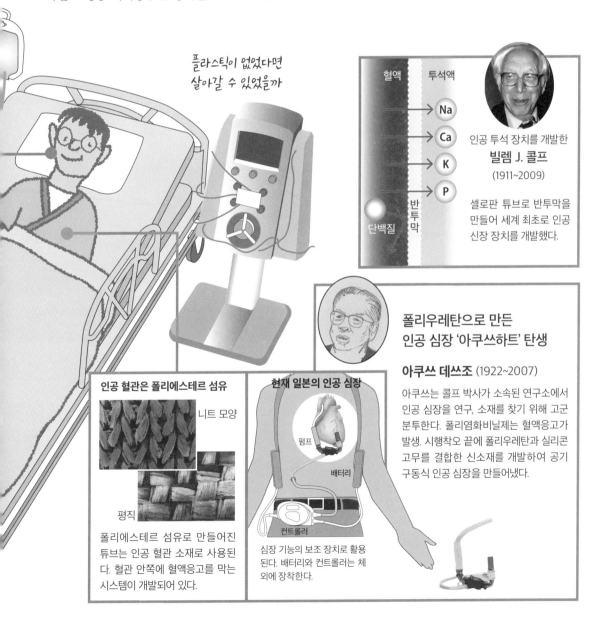

플라스틱이 없었다면 살아갈 수 있었을까

혈액 | 투석액

Na
Ca
K
P

단백질 | 반투막

인공 투석 장치를 개발한
빌렘 J. 콜프
(1911~2009)

셀로판 튜브로 반투막을 만들어 세계 최초로 인공 신장 장치를 개발했다.

폴리우레탄으로 만든 인공 심장 '아쿠쓰하트' 탄생

아쿠쓰 데쓰조 (1922~2007)

아쿠쓰는 콜프 박사가 소속된 연구소에서 인공 심장을 연구, 소재를 찾기 위해 고군분투한다. 폴리염화비닐제는 혈액응고가 발생. 시행착오 끝에 폴리우레탄과 실리콘 고무를 결합한 신소재를 개발하여 공기구동식 인공 심장을 만들어냈다.

인공 혈관은 폴리에스테르 섬유

니트 모양

평직

폴리에스테르 섬유로 만들어진 튜브는 인공 혈관 소재로 사용된다. 혈관 안쪽에 혈액응고를 막는 시스템이 개발되어 있다.

현재 일본의 인공 심장

펌프

배터리

컨트롤러

심장 기능의 보조 장치로 활용된다. 배터리와 컨트롤러는 체외에 장착한다.

슈퍼와 편의점이 속속 등장하여
포장재 플라스틱이 범람

플라스틱이 식생활을 바꾸었다

　제2차 세계 대전 후, 미국에서 셀프 서비스 스타일의 슈퍼마켓이 보급되고 다른 나라에서도 경제가 성장하면서 슈퍼가 서서히 퍼져나갔다. 슈퍼가 등장하면서 생선은 생선가게에서, 빵은 제과점에서 구입하는 식으로 여기저기 가게를 찾아가던 소비 방식에 변화가 나타났다. 한 곳에서 장을 볼 수 있는 슈퍼의 등장은 식품 포장의 방식을 바꾸었다. 대량으로 진열된 상품 속에서 손님이 직접 고를 수 있도록 상품 정보가 인쇄된 포장재가 꼭 필요해진 것이다.

　식품 포장에는 공기나 습기로부터 식품을 지키고 품질을 유지하는 기능이 요구된다. 그래서 개발된

소매점 혁명으로 미국에서 슈퍼마켓 등장

셀프 서비스의 보급 🛒

다우 케미컬 사 등이 제조

폴리염화비닐리덴

식품은 필름에 감싸였다

식품용 필름 탄생

1952년
필름을 종이심에 말아서 상자에 넣은 두루말이식 랩이 발매

두루말이 랩 탄생

발포 스티로폼 트레이에 얹었다

1960년대에
아사히 카세히 사가 일본에서 발매

손님이 직접 상품을 고르는 시대로

상품에는 눈길을 끌고 손에 잡히는 디자인이 요구되었다

1960년대

낱개로 팔았던 신선식품도

상품의 낱개 포장과 산뜻한 플라스틱 필름이 대인기

1970년대

완전조리 식품도 레토르트 형태로 대량 생산 · 대량 소비 시대로
레토르트 파우치 개발

알루미늄박
PEs ─┬─ PE

식품

1967년에 PE와 알루미늄박, PEs를 접착하여 레토르트 파우치가 완성되었다.

1950년대에 군용식으로 기술 연구, 1960년대에 일본에서도 연구 시작

1969년 레토르트 카레 일본에서 발매

것이 밀봉성이 뛰어난 플라스틱제 필름이다. 이어서 생선이나 육류용 스티로폼 트레이나 투명 트레이, 인스턴트 식품용 컵, 레토르트 식품용 파우치 등 다양한 플라스틱제 포장 용기가 등장했다.

슈퍼에서는 종이봉투 대신 플라스틱제 비닐봉지를 쓰게 되었다. 패스트푸드점이 생겨나고 플라스틱으로 된 일회용 컵이나 빨대, 스푼 등도 친숙해졌다. 그리고 페트병이 음료수 병으로 사용되었다. 편의점과 전자레인지의 보급으로 바로 데워먹을 수 있는 내열 도시락 용기도 눈에 띄게 되었다.

집에서 요리하여 밥을 먹던 시대에서 도시락이나 반찬, 패스트푸드를 테이크아웃하는 시대로 식생활이 크게 변화한 데에는, 직장에서 일하는 여성이 늘어난 것, 핵가족화나 아이들의 학원 학습 등으로 혼자 먹는 사람이 늘어난 것 등 다양한 원인이 있었다. 플라스틱 포장재는 그러한 생활 변화에 편승해 성장을 계속하여 현재 어마어마한 규모의 시장을 형성하고 있다. 그러나 일회용이 주는 편리함을 얻은 대신 우리는 산더미처럼 쌓인 쓰레기를 마주하게 되었다.

일본의 소매 혁명
슈퍼의 종이봉투가 플라스틱제 비닐봉지로

일본에서는 1982년에 페트병을 음료수 병으로 사용할 수 있게 된다

내열성 페트병도 등장

편의점의 대약진이 시작된다

플라스틱 포장의 기간기술 가스 배리어 탄생

자외선 / 산소 / 습기 / 이산화탄소 / 질소

가스 배리어성이 뛰어난 소재는 에틸렌비닐알코올(EVOH)

식품은 산소나 질소, 습기와 접촉하면 품질이 떨어진다. 플라스틱 포장은 내용물을 바깥 공기와 차단하여 품질 저하를 막는 중요한 작용을 한다. EVOH는 산소 차단력이 다른 소재보다 1,000배나 높다.

1980년대   **1990년대**   **2000년대**

편의점 도시락용 내열 도시락 용기 등장

도시락 데워 드릴까요?

전자레인지용 크로켓 등장

단위 : 100만 톤

1970년대부터 시작된 세계의 일회용 플라스틱 용기 생산량

1970년 무렵, 전기냉장고의 세대 보급률 90%에 육박

식품에 랩을 씌워 냉장·가열하는 것이 일상적인 풍경이 되었다

1987년 무렵, 전자레인지 보급률이 50%를 넘는다

냉동식품 생산량 100만 톤 돌파

300 / 250 / 200 / 150 / 100 / 50 / 0

1950 1960 1970 1980 1990 2000 2010 2015

우리가 사는 '인류세' 지층에 플라스틱이 계속 남는다!?

인간의 욕망에 응답한 플라스틱

역사를 보면 알 수 있듯이, 플라스틱은 사회의 급속한 변화에 즉각 대응할 수 있는 소재였기 때문에 온 세상에 넘쳐나게 되었다.

플라스틱은 인간이 다루기 쉬운 소재다. 석유에서 얼마든지 재료를 얻을 수 있고, 인간이 생각한 대로 모양을 만들 수 있다. 달리 말하면, 플라스틱만큼 인간의 욕구에 순순히 응답한 소재는 없는 것이다. 그러나 플라스틱에는 커다란 결점이 있다. 자연계에서는 분해되지 않고 영원히 남아 있다는 결정적인 결점 말이다.

지금 '인류세(안트로포센Anthropocene)'라는 새로운 지질시대가 제기되고 있다. 쥐라기 지층에서 공룡 화석이 발견된 것처럼 미래의 인류, 또는 인류를 대체한 지성은 인류세 지층에서 대량의 플라스틱을 발굴할 것이라는 말이다.

인류는 불과 70년 만에 지층을 바꾸었다

지질학 시대구분에 따르면 우리는 신생대 제4기의 마지막 시기인 충적세(홀로세, 현세)에 살고 있다. 충적세는 마지막 빙하기가 끝난 약 1만 1700년 전에 시작되어 인류가 크게 번성한 시대이다. 그런데 2000년 2월, 지구 환경 변화를 논의하는 자리에서 '우리가 사는 시대는 충적세가 아니라 인류세'라고 목소리를 높인 화학자가 있었다. 오존 구멍 연구로 1995년 노벨화학상을 수상한 파울 크뤼첸Paul Jozef Crutzen이었다.

그가 말하는 인류세란 인류의 새로운 시대를 의미한다. 인류가 지구 환경에 영향을 미치게 된 시대가 충적세라면, 인류세는 인류가 자연에 맞먹는 강력한 힘을 갖게 된 시대이다. 그것의 시작은 1950년 무렵이라고 한다. 그 무렵 플라스틱이 우리 삶에 막 등장했다. 유해 화학물질이 대기 중에 뿌려지고 핵실험이나 원자력 발전 사고로 방사성 물질이 유출된 것도 인류세를 특징짓는 사건이다. 이런 화학물질은 결국 지층 속에 남게 될 것이다. 한 예로, 도쿄의 황궁 해자에 퇴적된 진흙을 분석한 결과, 에도 시대의 지층에서는 아무것도 발견되지 않았지만 1950년 무렵의 지층에서는 약간의 미세 플라스틱이 발견되었고, 2000년 지층에서는 그 수가 10배가 되었다고 한다.

지금 우리는 지구 46억 년 역사 가운데, 불과 70여 년 만에 인류가 지구상에 흘러넘치게 한 플라스틱이 어떤 모습이어야 하는지, 다시 생각해야 할 시점에 서 있다.

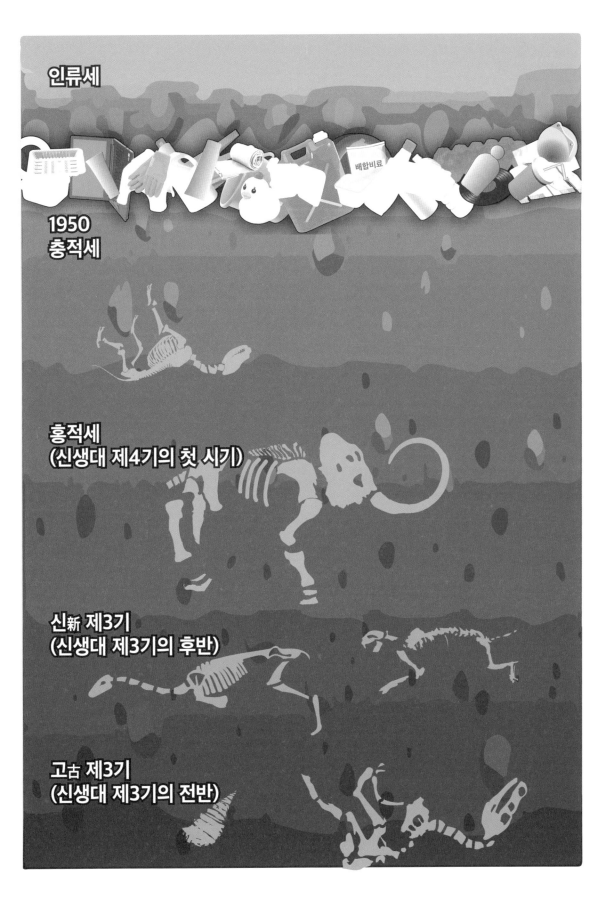

인류세

1950
충적세

홍적세
(신생대 제4기의 첫 시기)

신新 제3기
(신생대 제3기의 후반)

고古 제3기
(신생대 제3기의 전반)

배합비료

플라스틱이 울리는 경고의 종소리에 어떻게 답해야 할까

19세기 이후 인류의 진보가 급격히 가속화되었다. 플라스틱이라는 소재는 멈출 줄 모르는 인류의 욕망을 온갖 형태로 바꿔주면서 인류의 진보를 뒷받침해주었다. 인류는 스스로 만들어낸 플라스틱에서 새로운 욕망을 발견하고, 다시 새로운 플라스틱을 만들어왔다. 후세의 지적 생명체가 본다면, 플라스틱이 수북한 인류세의 지층은 분명 우리 인류의 욕망이 쌓인 무덤으로 보일 것이다.

이 지층에 도달하기까지 우리는 몇 번이나 경고의 종소리를 들었다. 인류가 저지른 최고의 폭력인 핵전쟁을 향한 경고의 종, 석유 자원에 대한 지나친 의존과 지구 온난화를 향한 경고의 종, 과도한 자본주의가 세계에 초래한 압도적인 경제 격차와 그로 인한 빈곤을 돌아보라는 경고의 종 등이 숱하게 울렸다.

그때마다 경고하는 이들이 있었지만 많은 사람들은 차가운 시선을 보냈다. 현실을 모르는 이상주의는 의미가 없다, 경제적 번영을 누가 내팽개치겠는가, 명분은 누구나 알고 있다, 비판은 누구나 할 수 있다며 우리가 처한 상황을 돌아보지 않았다.

이제, 플라스틱 위기라는 경고의 종이 울리고 있다. 그 종마저 플라스틱으로 만들어졌다면 아이러니한 조크라고 할 수 있을 것이다. 그러나 사태는 조크로 끝나지 않는다. 이 사실은 집 안을 둘러보면 한눈에 알 수 있다. 아프리카의 빈곤이나 온난화에 의한 기후위기는 나 몰라라 할 수 있지만, 집 안에 넘쳐나는 잡다하고 무질서한 플라스틱 제품의 범람은 눈앞에 닥친 현실이다. 그런 한편으로, 편의점에서 비닐봉지를 받지 않는 손쉬운 선택이 있는 것도 현실이다.

이 책을 읽은 여러분 한 사람 한 사람이 조금씩이라도 생활을 바꾸려고 시도해보면 어떨까 하는 바람을 가져본다.

참고문헌

『fash'un PLASTIC』, 록매거진 펴냄

『SUPER 사이언스 플라스틱 알지 못했던 세계』, 사이토 가쓰히로齋藤勝裕 지음, C&R연구소 펴냄

『내셔널 지오그래픽 일본판 2018년 6월호 '바다를 위협하는 플라스틱'』, 닛케이 내셔널 지오그래픽사 펴냄

『도해 입문 알기 쉬운 최신 플라스틱의 구조와 작용』, 구와지마 미키 등 지음, 슈와시스템 펴냄

『세계사를 바꾼 신소재』, 사토 겐타로 지음, 신초샤 펴냄

『쓰레기 정책 -태우지 않는 쓰레기 정책 '제로 웨이스트' 핸드북Zero Waste』, 로빈 머리 지음, 즈키지쇼칸 펴냄

『에피소드와 인물로 읽는 재미있는 화학사』, 다케우치 요시토竹内敬人 감수, 일본화학공업협회 펴냄

『인류세란 무엇인가The Shock of the Anthropocene: The Earth, History and Us』, 크리스토프 보뇌이, 장 밥티스트 프레소즈 지음, 세이도샤 펴냄

『제로 웨이스트 홈The Zero Waste Home』, 비 존슨 지음, 아노니마 스튜디오 펴냄

『탄소문명론』, 사토 겐타로 지음, 신초샤 펴냄

『플라스틱 수프의 바다Plastic Ocean』, 찰스 무어, 커샌드라 필립스 지음, NHK출판 펴냄

『플라스틱 프리 생활Life Without Plastic』, 샹탈 플라몽, 제이 심하 지음, NHK출판 펴냄

『플라스틱을 둘러싼 국내외의 상황』, 2018년 8월, 일본 환경성 펴냄

Improving Plastics Management : Trends, policy responses, and the role of international co-operation and trade (OECD)

Production, use, and fate of all plastics ever made (R. Geyer, J. R. Jambeck, K. L. Law. Science Advances, July 2017)

SINGLE-USE PLASTICS A Roadmap for Sustainability (United Nations Environment Programme)

참조 사이트

공익재단법인 일본용기포장리사이클협회   https://www.jcpra.or.jp/

내셔널 지오그래픽 일본판   https://natgeo.nikkeibp.co.jp/

뉴스위크 일본판   https://www.newsweekjapan.jp/

다이요공업주식회사   https://ww2.taiyokogyo.co.jp/expo/fuji.html

도레이 주식회사   https://www.toray.co.jp

듀폰   https://www.dupont.com/

만국박람회기념공원   https://www.expo70-park.jp/

보잉   https://www.boeing.com/

심해 쓰레기 데이터베이스   http://www.godac.jamstec.go.jp/catalog/dsdebris/metadataList

위키피디아 재팬   https://ja.wikipedia.org/

유엔 홍보센터   https://www.unic.or.jp/

일반사단법인 산업환경관리협회 자원·리사이클 촉진센터   http://www.cjc.or.jp/

일반사단법인 플라스틱환경이용협회   https://www.pwmi.or.jp/

일본 코카콜라 주식회사   https://www.cocacola.co.jp/sustainability/world-without-waste

일본무역진흥기구(JETRO)   https://www.jetro.go.jp/

일본바이오플라스틱협회   http://www.jbpaweb.net/

지속 가능 브랜드 재팬   https://www.sustainablebrands.jp/

포브스 일본판   https://forbesjapan.com/articles/detail/27549

플라스틱 도서관   http://www.pwmi.jp/tosyokan.html

플라스틱 없는 생활   https://lessplasticlife.com/

AFPBB News   https://www.afpbb.com/articles/-/3233887

Glo Tech Trends   https://glotechtrends.com/

ICIS   https://www.icis.com/

International Pellet Watch Japan   http://pelletwatch.jp/micro/

J-STAGE   https://www.jstage.jst.go.jp/

NEGOZIO LEGGERO   http://www.negozioleggero.it/

Original Unverpackt   https://original-unverpackt.de/

Our World in Data   https://ourworldindata.org/

Plastics Europe   https://www.plasticseurope.org/en

Precious Plastic   https://preciousplastic.com/

Sustainable Japan   https://sustainablejapan.jp/

UNPACKAGED   https://www.beunpackaged.com/

WIRED   https://wired.jp/

WWF 재팬   https://www.wwf.or.jp/

그림으로 읽는

친절한 플라스틱 이야기

지은이_ 인포비주얼 연구소
옮긴이_ 위정훈
펴낸이_ 양명기
펴낸곳_ 도서출판 -북피움-

초판 1쇄 발행_ 2021년 12월 21일

등록_ 2020년 12월 21일 (제2020-000251호)
주소_ 경기도 고양시 덕양구 충장로 118-30 (219동 1405호)
전화_ 02-722-8667
팩스_ 0504-209-7168
이메일_ bookpium@daum.net

ISBN 979-11-974043-1-3 (03400)

- 잘못 만들어진 책은 바꾸어 드립니다.
- 값은 뒤표지에 있습니다.